# Edelmetall-Probierkunde

## nebst einigen Unedelmetall-bestimmungen

Von

## Dipl.-Ing. F. Michel

Direktor der staatlichen Probieranstalt
in Pforzheim

Zweite, verbesserte
und erweiterte Auflage

Springer-Verlag Berlin Heidelberg GmbH 1927

ISBN 978-3-662-32232-1     ISBN 978-3-662-33059-3 (eBook)
DOI 10.1007/978-3-662-33059-3

## Vorwort zur ersten Auflage.

Vorliegendes kleines Büchelchen verdankt seine Entstehung den Edelmetall-Probierkursen, welche vom Verfasser an der Staatl. Bad. Kunstgewerbeschule hier abgehalten wurden. Da an diesen Kursen Bijouteriefabrikanten, Goldschmiede, Kaufleute usw. sich beteiligten, also Leute, welchen die Materie so gut wie absolut neu war, so mußte in möglichst breiter Ausführung das Pensum, soweit es die Zeit erlaubte, durchgesprochen werden, um genügendes Verständnis für die Sache zu erwecken. In gleicher Weise sind nun die Aufzeichnungen für das Buch erfolgt, welches dem Fachmann nicht viel, aber vereinzelt doch etwas Neues bringen wird, welches indes für jemand mit geringen Kenntnissen in der Edelmetall-Probierkunst hoffentlich manchen Fingerzeig bzw. eine einigermaßen eingehende Anleitung bringen soll.

Pforzheim, im März 1922.

F. Michel.

## Vorwort zur zweiten Auflage.

Für die notwendig gewordene neue Auflage der „Edelmetall-Probierkunde" ist von interessierter Seite der Wunsch geäußert worden, einfache Bestimmungsmethoden von den in Edelmetallaboratorien vorkommenden Unedelmetallen anzugeben. Diesem Wunsch entsprechend, ist dem Büchelchen ein Anhang in diesbezüglicher Richtung gegeben worden.

Außerdem sind im früheren Text der ersten Auflage kleine Änderungen gemacht und auch ein wenig Neues hinzugefügt worden, so vor allem die Angabe der Ausführung von Platinstrichproben.

Pforzheim, im Mai 1927.

F. Michel.

# Inhaltsverzeichnis.

# A. Einrichtung eines Edelmetall-Probierlaboratoriums.

Im allgemeinen ist die Gesamteinrichtung eines Edel-metall-Probierlaboratoriums eine sehr einfache, und nur da, wo die sämtlichen in Frage kommenden und im folgenden beschriebenen Proben ausgeführt werden müssen, sind kleine Erweiterungen notwendig.

An Räumlichkeiten sollen mindestens 2 Räume vorgesehen werden, so daß ein von dem Arbeitsraum abgetrenntes, wenn auch kleines Zimmer zur Aufstellung der Wagen vorhanden ist.

Für die kleinste Probieranstalt ist zunächst eine Probierwage erforderlich, wie sie von einschlägigen Geschäften zu beziehen ist. Als gute Probierwagen sollten nur solche genommen werden, welche eine Arretierung des Balkens, sowie der Gehänge und der Schalen, aufweisen, Lager von Achat haben, mit Reiterauswägung und -verschiebung versehen sind und möglichst auf Glasplatten aufmontiert wurden. Die Tragkraft einer solchen Wage beträgt 2—5 g, und die Empfindlichkeit muß 0,05 mg sein. Bei größeren Betrieben mit mehreren Probierern ist für jeden derselben mindestens eine derartige Wage erforderlich. Sind Aschen- und Erzproben auszuführen, ist noch eine einfache chemisch-analytische Wage mit 50 g Tragkraft und 0,5 mg Empfindlichkeit notwendig. Jede Wage hat zur wagrechten Aufstellung ein Pendel mit Pendelring oder eine einfache oder eine Kreuzlibelle. Die zwei vorderen Füße der Wage sind mit Mikrometerschrauben versehen, so daß man mit Hilfe derselben stets in der Lage ist, leicht der Wage die richtige Stellung zu geben. Die Füße der Wagen sind vielfach unten zugespitzt, so daß sich besonders bei Aufstellung der Wagen auf Holztischen diese Spitzen leicht in das Holz eindrücken und Ebenheitsverschiedenheiten hervorrufen.

Man achte daher bei Aufstellung der Wagen darauf, daß man entsprechende Fußunterlagen aus Glas, Porzellan oder Metall anbringt, die entweder beim Kauf der Wagen oder durch eigene Anfertigung zu beschaffen sind.

Um in den Wagen, welche in allseits geschlossenen Gehäusen untergebracht sind, möglichst trockene Luft zur Verhinderung des sonst zu leichten Oxydierens der aus Unedelmetall bestehenden Wagenteile zu erzeugen, stellt man in eine oder beide hinteren Ecken kleine Bechergläschen von ca. 30—40 ccm Inhalt und gibt in diese etwa 10 ccm konzentrierte Schwefelsäure. Diese hat die Fähigkeit, die Feuchtigkeit der Luft an sich zu ziehen, was aus dem allmählichen Anwachsen der Säureflüssigkeit auch nach mehreren Monaten beobachtet werden kann. Natürlich muß die Säure nach längerer Zeit, sobald der Flüssigkeitsstand in den Gläschen ein zu hoher geworden ist, wieder durch frische konzentrierte Säure, wie anfangs, ersetzt werden.

Die Wagen müssen derart aufgestellt sein, daß sie nicht, besonders auch nicht einseitigen, wenn auch mäßigen Temperaturunterschieden ausgesetzt sind, z. B. sollen sie nicht im zeitweiligen Sonnenschein stehen oder in zu großer Nähe eines geheizten Ofens, wodurch einseitige Erwärmung des Wagebalkens und somit eine Unstimmigkeit des Zungenausschlages hervorgerufen werden könnte. Da auf den feinen Probierwagen stets Nettogewichte ein- und ausgewogen werden, so ist es unbedingt erforderlich, daß sowohl vor jeder Einwägung wie auch Auswägung das gleichmäßige Ausschlagen der Zunge nach rechts und links festgestellt werden muß. Sollte dies nicht der Fall sein, so wird mit Hilfe der meist an den Enden des Wagebalkens befindlichen Mikrometerschrauben oder auch einer besonders für den Zweck angebrachten beweglichen Zunge das absolut genaue Gleichgewicht der Wage hergestellt.

Die zu den Probierwagen gehörigen Gewichte werden in zwei Arten geliefert, und zwar von einem metrischen Gramm abwärts in einzelnen Gewichten von 0,5—0,2—0,2 —0,1—0,05—0,02—0,02—0,01—0,005 g, d. h. in richtigen 500 mg, 2 zu je 200 mg, 100 mg, 50 mg; 2 zu je 20 mg,

10 mg und 5 mg, ferner einen Reiter zu 10 mg oder zu 5 mg, welcher auf den in entsprechender Weise geteilten Wagebalken zu setzen ist, so daß man 0,05—0,1 mg gut auszuwiegen imstande sein muß. Hat die Wage keine Reiterverschiebung, so muß der Gewichtssatz noch kleinere Gewichte haben, und zwar je 2 von 2 mg, 1 mg, 0,5 mg; je 2 von 0,2 mg, 0,1 mg und von 0,05 mg.

Ferner werden aber auch Gewichtssätze geliefert, welche als höchstes Gewicht 0,5 g mit der Bezeichnung 1000 enthalten. Als grobe Ungehörigkeit und Irreführung für Unaufmerksame muß es angesehen werden, daß oftmals derartige Gewichtssätze angetroffen werden, welche statt nur die Zahl 1000 auf dem entsprechenden Gewicht noch den falschen Zusatz mg tragen. Also Obacht! Gegen die Verwendung der letzten Gewichtssätze ist im allgemeinen nichts einzuwenden, bieten sie doch auch dem Probierer einige Vorteile, indes spielt hier die Gewohnheit natürlicherweise eine erhebliche Rolle. Erstere Gewichtssätze kann man als solche nach Milligrammen, letztere nach Tausendteilen bezeichnen. Bei den letzteren ist dann das kleinste Gewicht bei nicht vorhandener Reiterverschiebung 0,1 Tsdtl.

Notwendig für jeden Probierer ist die Arbeit, vor der Inbenutzungnahme eines neuen Gewichtssatzes die Gewichte gegenseitig auf ihr richtiges Gewichtsverhältnis zu kontrollieren bzw. letzteres absolut genau richtigzustellen. Man beginnt hierbei mit den kleinsten Gewichten, d. h. man vergleicht den Reiter mit dem gleichwiegensollenden kleinsten Gewicht, und legt dann immer so viel Gewichte zusammen auf die Wagschale, wie das nächsthöhere Gewicht ergeben soll.

Hat man einen Gewichtssatz bis 0,05 mg bzw. 0,1 Tsdtl., so beginnt man bei dem Kontrollieren mit diesen kleinsten Gewichten.

Durch vorsichtiges Feilen und evtl. Beschneiden der Gewichte muß die äußerste Genauigkeit hergestellt werden, an der leider häufig genug manche neu gekauften Gewichtssätze leiden. Natürlich muß auch der Gewichtssatz der Wage zum Einwiegen der Aschen usw. mit demjenigen der Probierwage, mit welchem die resultierenden Körner gewogen werden, aufs beste übereinstimmen.

Nach einiger Zeit ist immer wieder diese Prüfung der Gewichte zu wiederholen, und zwar wird nach längerer Benutzung derselben meistens festzustellen sein, daß entgegen der Auffassung, die Gewichte würden durch Abnutzung leichter werden, bei einigen eine Gewichtszunahme sich ergibt. Diese rührt natürlich von Unreinheiten her, von welchen die Gewichte dann gereinigt werden müssen. Es geschieht dies, indem man die Gewichte in einem kleinen Schälchen in ein Gemisch von ein paar Tropfen Alkohol und Äther legt und sie dann behutsam mit Fließpapier abreibt und trocknet.

Gewicht und Wägeschälchen sollen nie mit den Fingern, sondern nur mit der Pinzette angefaßt werden, da sonst nicht unmerkliche Wägefehler durch haftengebliebene, wenn auch äußerst winzige Schweißpartikelchen hervorgerufen werden können.

Für rohere Wägungen, z. B. zur Abwägung der Chemikalien für das Schmelzpulver der Aschenproben usw., benötigt man noch eine gewöhnliche Balkenwage mit entsprechender Belastung und Empfindlichkeit.

Der Probierer benötigt bei der Wage als sonstige Werkzeuge neben der schon erwähnten Pinzette eine kleine gute Blechschere, eine scharfe Feile, einen Pinsel, Löffel und Mischspatel. Die Pinzette dient zum Anfassen der Gewichte, Wägeschälchen, des aufzulegenden Probiergutes, der auszuwiegenden Körner usw. Mit der Blechschere zerschneidet man das etwa in Blechform vorhandene Probiergut; die Feile dient dazu, um beim Einwiegen kleine Übergewichtsteilchen leicht durch wenige Striche auf derselben zu entfernen und derart das Gewicht aufs äußerste genau herzustellen; der Pinsel dient nur als Besen für die Wage und besonders bei Unstimmigkeit des Zungenausschlags zum Abkehren der Wägeschälchen usw., da oftmals hier befindliche kleine Staub- oder dgl. -teilchen störend gewirkt haben. Nicht darf der Pinsel dazu verwendet werden, um das im Wägeschälchen befindliche fertig abgewogene Probiergut, soweit es sich nicht um Aschen oder dgl. handelt, in das Papier- oder

Bleitütchen zu überführen, da zu leicht am Pinsel kleine Teilchen des eingewogenen Gutes hängenbleiben könnten. Zum Einwiegen der Aschen, d. h. zum Überführen derselben in das Wägeschälchen, bedient man sich eines kleinen zweckentsprechenden Löffelchens. Hierbei sei auch noch bemerkt, daß die Wägeschälchen zum Abwiegen der Aschen meistens nicht praktisch genug sind, sondern daß man sich eine aus nicht zu starkem Metallblech angefertigte oder auch eine kleine Porzellanschale hierfür besorgt und diese nach genauer ein für allemal festgestellten Abtarierung zum Abwiegen der Aschen benutzt. Ein Spatel aus Horn oder Metall dient zum guten Mischen der in einem Probiertiegel befindlichen Schmelzmittel, Aschen usw.

Als nächstes wichtigstes Inventarstück eines Edelmetall-Probierlaboratoriums ist der Probierofen anzusehen. Am zweckmäßigsten ist hierfür im allgemeinen ein Gasofen, wie er in Deutschland in bester Ausführung von verschiedenen Firmen geliefert wird. Je nach der zu erwartenden Menge auszuführender Proben wird man einen Ofen mit einer kleinen Muffel von etwa 10 cm unterer Breite und 7 cm Höhe oder einen größeren mit entsprechend weiteren Abmessungen anschaffen müssen. Es sei erwähnt, daß man in der erwähnten kleinen Muffel bei guter Einteilung etwa 20 bis 25 Proben in 8 Arbeitsstunden bequem erledigen kann. Außerdem werden aber vielfach Koksöfen verwendet, welche meist nicht zu kleine Muffeln aufweisen und im allgemeinen hierfür Maße von 18—22 cm untere Weite und 10—12 cm Höhe enthalten. Wenngleich wohl letztere Öfen etwas billiger arbeiten als die Gasöfen, so haben sie gegenüber letzteren auch wieder erhebliche Nachteile. Sie erfordern ein öfteres Auswechseln der Muffeln, denn selten hält im Koksfeuer eine solche länger wie 14 Tage, wohingegen im Gasofen eine Muffel bei täglicher Benutzung oft 6—8 Monate und auch noch länger verwendet werden kann. Auch ist im Gasofen bei normalen Verhältnissen die Temperatur eine gleichmäßigere wie im Koksofen, da in diesem durch das mehrfache Nachschüren mit frischem, d. h. kaltem Koks, auch die Temperatur der Muffel ungünstig beeinflußt wird.

Ist in einem Ofen eine neue Muffel eingesetzt worden, so versäume man nicht, auf den Muffelboden eine dünne, etwa 1—2 mm starke Schicht gepulverter Knochenasche (etwa durch Zerstoßen einer defekten Knochenasche-coupelle erhältlich) zu streuen. Unterläßt man dies, so wird der Boden der Muffel von den auf ihm stehenden mit Bleiglätte vielfach vollgesogenen Coupellen auch mit Bleiglätte imprägniert, wodurch er einmal unvorteilhaft kleberig und ferner weniger haltbar wird. Die in die Muffel gestreute Knochenasche muß nach einiger Zeit erneuert werden. Die Muffelöffnung ist durch einen Vorsatzstein oder ein Eisenblech verschließbar, um zeitweilig im Innern der Muffel eine etwas erhöhte Temperatur zu erzeugen.

Als Handhabe beim Arbeiten am Ofen dient eine etwa 60—70 cm lange Eisenzange, welche halb Mitte einen Führungssteg hat, damit beim Anfassen kleiner Gegenstände die Enden der Zange nicht übereinanderschnellen können. Mit dieser Zange werden die Coupellen in die Muffel gestellt, wieder herausgenommen, auf die Coupellen das Probierblei, sowie die Einwage aufgelegt, die Goldglühtiegel in den Ofen hinein- und herausgestellt und die ausgewalzten Gold- und Silberkörner zum Glühen in die Muffel gelegt und herausgenommen.

Zur Trennung des Silbers vom Golde dient der Löseapparat, und zwar besteht derselbe aus 6—8 Brennern für Gasheizung, an welche eine Vorrichtung angebracht ist, auf die man über den Brennern die Lösekölbchen aufsetzt. Man kann sich auch zur Not einen derartigen Löseapparat mit Spiritusheizung usw. einrichten. Hinter dem Kochapparat, etwas erhöht, befindet sich ein Kasten an der Wand aus mit Karbolineum getränktem Holz, welcher soviel senkrechte, etwa 6 cm lange und 2,5 cm breite Schlitze besitzt, als einzelne Brenner vorhanden sind. In diese Schlitze ragen die Öffnungen der Lösekölbchen hinein. Der Kasten ist durch ein Tonrohr mit der Esse verbunden, damit die beim Kochen entstehenden Säuredämpfe ihren Abzug finden können.

Die Lösekolben sind aus bestgekühltem Glas, haben eine Länge von 20—25 cm, am unteren birnenförmigen

Teil eine Weite von 4—5 cm und am oberen offenen Teil eine solche von etwa 1,6—1,8 cm. Der Verlauf des weiteren unteren Teiles zum oberen engeren Teil soll ganz allmählich erfolgen und nicht, wie das öfters zu sehen ist, einen ziemlich scharfen Winkel bilden; d. h. der untere Teil soll nicht stark bauchartig gegen den Hals hervorstehen. An dem Hals des Kolbens wird ein mit einem entsprechenden Loch versehener Kork von 4—5 cm Durchmesser geschoben derart, daß der Lösekolben fest vom Kork gehalten wird und man beim Arbeisen leicht den mit heißer Säure usw. versehenen Kolben fassen und ausgießen kann.

Neben oder dicht bei dem Löseapparat bringt man einen einfachen Kochapparat an zum Heißmachen von destilliertem Wasser in einer Emailkanne.

Zum Ausplatten nicht zu großer eingelieferter bzw. mit der Lingotschere abgeschnittener Metallstücke für die Untersuchung, sowie auch zur Ausplattung der auf ihren Goldgehalt zu untersuchenden abgetriebenen Gold- und Silberkörner dient ein polierter Ambos mit dazugehörigem polierten Hammer. Für das weitere Strecken resp. dünnere Ausarbeiten dieser gehämmerten Metalle oder Körner ist eine Handwalze erforderlich, welche, auf einer Eisensäule ruhend, am Boden an passender Stelle aufgestellt d. h. gut befestigt ist. Kleine an den Tisch anschraubbare Walzen sind ebenfalls für die zum Lösen bestimmten abgetriebenen Körner, nicht aber zum Auswalzen etwas stärkerer und meist härterer zu untersuchender Metalllegierungen zu empfehlen. Zum Aufschlagen der Tiegel von Aschenproben, Ansiedescherben usw. verwendet man am besten einen zweiten, geringeren, unpolierten Amboß nebst Hammer, um den besseren Amboß zu schonen.

Zur Probeentnahme von eingelieferten Barren dient eine Bohrmaschine, die entweder von Hand oder durch Kraft, z. B. elektrischer, angetrieben wird. Der Bohrer hat einen Durchmesser von 5—8 mm. In einigen Probieranstalten werden auch nur Abhiebproben von Barren entnommen, d. h. mittels Hammer und scharfen Meißeln, halbrunden oder flachen, werden an zwei entgegengesetzten Stellen der Barren genügend große Stücke abgeschlagen.

Auch bei Bohrproben müssen an zwei entgegengesetzten Stellen der Barren, etwa rechts oben und links unten, die Proben entnommen werden. Über die Zweckmäßigkeit der einen oder der anderen Art der Probeentnahme dürften wohl die Meinungen geteilt sein. Wer mittels Meißel an den äußeren Teilen eines Barrens seine Proben entnimmt, kann geltend machen, daß sogleich nach dem Ausgießen des geschmolzenen Barrens die äußeren Teile des ausgegossenen Metalls sehr schnell erstarren und in dieser kurzen Zeit nicht Gelegenheit haben, sich, wenn auch in nicht mehr sehr bedeutsamen Maße, zu entmischen, wie dies bei dem im Inneren des Barrens länger flüssig bleibenden Metall vielfach der Fall sein könnte und auch bei einigen Legierungen besonders mit Platingehalt sicher vorkommt. Man würde also hier einen genaueren Durchschnitt des zum Barren geschmolzenen Metalles erhalten. Dagegen läßt eine Bohrprobe oftmals an ihrem Aussehen erkennen, daß das Metall recht ungleich durchgeschmolzen ist, und man nicht überrascht ist, von den verschiedenen Bohrungen ein und desselben Barrens oft recht verschiedene Resultate zu erhalten. Es muß auch die Möglichkeit angezogen werden, daß in einem edelmetallhaltigen Barren etwa ein Kern von Unedelmetall oder ein solcher von erheblich geringerem Edelmetallgehalt eingeschmolzen sein könnte, der bei genügend tiefem Anbohren mit getroffen und dann sicherlich eine Unstimmigkeit des Proberesultates zeitigen würde.

Zur Ausführung von Aschen- und anderen später näher angegebenen Proben benötigt man einen Schmelzofen. Hierzu ist ein einfacher aus Mauerwerk bestehender Windofen oder auch ein ausgemauerter runder Eisenofen, beide für Koksfeuerung, sowie auch ein Gasschmelzofen zu verwenden. Die Koksschmelzöfen haben Fassungsraum für 6—8 oder auch bis 12 Probiertiegel. Nachdem diese Öfen angebrannt sind und man auf den eben glühend gewordenen, in nicht großen Mengen auf dem Rost befindlichen Koks noch etwas kalten Koks gegeben hat, kann man auf letzteren die fertiggestellten und in Wasser getauchten Probiertiegel stellen, indem man als Zwischenfüllmittel und an die Seiten des Ofens kleinere Koksbröckelchen gibt. Gasöfen fassen auch, je nach ihrer Dimensionierung, 3 bis höchstens 7 Probiertiegel, indem man besonders für diesen Zweck gebaute Füße verwendet. In oder neben jedem Probierlaboratorium wird auch vielmals Metall in verschiedenen Mengen einzuschmelzen sein, und hierfür sind diese Schmelzöfen sowieso erforderlich. Zum Einschmelzen kleiner Mengen Metalle oder von zu untersuchenden Schmuckstücken bedient man sich eines kleinen Schmelzapparates mit Fußtritt- oder Wasserstrahlgebläse.

Ein kleiner Abzug soll auch in jeder Probieranstalt vorhanden sein. Es genügt hierzu ein Kasten von ca. 50 dm² Grundfläche und ca. 1 m Höhe, dessen Boden eine einfache Tischplatte, dessen Wandungen verglaste Schiebefenster bilden und der eine Ableitung zur Esse hat. Eine Gasleitung muß hier die Möglichkeit zum Anschluß von Kochgelegenheit bzw. von Bunsenbrennern bieten.

Da vielfach die Löse- und Kochsäuren ihrem Stärkeverhältnis nach vom Probierer zurechtgemacht werden oder fertig gekaufte nachgeprüft werden sollen, so benötigt man dazu einen Aräometer, am besten mit Skala nach spezifischer Gewichtseinteilung, sowie ein für diese Messungen passendes Glas, d. i. ein sogenannter Kropfzylinder. Außer den bis jetzt aufgeführten Gerätschaften sind natürlich Tische und Stühle, auch Regale oder hohe Kästen mit mehreren Abteilungen nötig; ferner einige kleinere und größere Bechergläser, Trichter, Porzellanschalen und Flaschen.

Auf Vorrat sind immer zu halten:

Coupellen für 4, 6, 10, 15 und ca. 22 g Blei Fassungsvermögen. Coupellen sind von Fabriken in verschiedenen Größen zu beziehen. Man kann sie sich aber auch selbst herstellen. Es sind hierzu gut ausgebrannte Schafsknochen erforderlich, welche zu recht feinem Pulver gestoßen oder gemahlen werden müssen. Ein kleiner Teil dieser pulverisierten Knochenasche wird entweder zu allerfeinstem Staub verrieben oder es wird durch Schlämmen und Trocknen des abgeschlämmten Staubes recht feines Pulver gewonnen. Beim Anfertigen der Coupelle aus dieser Asche bedient man sich entsprechender Formen verschiedener Größe aus

Patrize und Hohlraum bestehend, bei dem der Boden derart von unten nach oben herausnehmbar ist, daß auf ihm die nach dem Schlagen im Hohlraum sich befindliche Coupelle zu stehen kommt und letztere derart leicht aus der Form herausgehoben werden kann. Die besonders fein hergestellte Knochenasche dient dazu, um auf die etwas gröbere Asche, welche zur Pressung resp. zum Schlagen in die Form eingetragen war, gegeben zu werden, so daß bei der fertigen Coupelle diese feinste Asche den oberen Teil derselben ausmacht. Die trockene Knochenasche wird vor dem Schlagen nur mit so viel Wasser angefeuchtet, daß, wenn man sie in der Hand drückt, gerade die Form der so gedrückten Asche bestehen bleibt, ohne sofort zu zerfallen. Das Schlagen der Coupellen erfolgt entweder in einfachster Weise mit dem Hammer oder kann auch durch eine sogenannte Kugelpresse ausgeführt werden. Die fertigen Coupellen dürfen einmal nicht so weich sein, daß sie sich sehr leicht zerbrechen lassen, denn in diesem Falle wird der später erwähnte Coupellenzug an Edelmetall ein zu großer werden, ferner dürfen sie aber auch nicht zu übermäßig fest sein, sonst nehmen sie die sich vom Blei mit dem Sauerstoff der Luft bildende Bleiglätte zu schwer auf, und es kommt vor, daß dann das Edelmetallkorn in der flüssigen, in der Coupelle stehenden Bleiglätte ersäuft, wie der technische Ausdruck lautet.

**Probierblei.** Man kann dieses in Blechform von ca. 1 mm Stärke beziehen und kann dann mit einer kräftigen Blechschere hiervon Stücke in verschiedener Größe abschneiden, oder hat man Blei in Blockform, muß dies geschmolzen und in passende Formen gegossen werden, um derart sich Stücke — Bleischweren genannt — von etwa 2 g, 3 g, 7 g und 10 g oder von 2—10 g jedes Vollgewicht in nicht zu geringen Mengen herzustellen.

Auch muß man sich gekörntes Probierblei vorrätig halten, wie dies die Staatl. Hüttenwerke zu Freiberg i. S. oder auch in sehr feiner Körnung das Bleiwerk Goslar liefern.

Das Probierblei ist meist genügend edelmetallfrei, aber es ist doch sehr notwendig, daß man sich bei jedem neu gelieferten Posten Blei von dessen Reinheit überzeugt, indem man in genügend großen Coupellen 20 g Blei abtreibt und das etwa zurückbleibende Korn untersucht. Ein guten Anforderungen entsprechendes Probierblei soll in 20 g nicht mehr wie etwa 1 mg Silber und höchstens absolut unwägbare Spuren Gold enthalten.

**Chlorfreie Salpetersäure** von 1,2 spez. Gew., sowie von 1,3 spez. Gew. Man kauft am vorteilhaftesten chlorfreie chemisch reine Salpetersäure von 1,4 spez. Gew. Mit dem oben erwähnten Aräometer ist jedesmal die Stärke nachzuprüfen. Aus dieser Säure stellt man die Salpetersäure von 1,2 spez. Gew. her, indem man 1 Liter der Säure von 1,4 spez. Gew. mit 1 Liter destillierten Wassers recht gut mischt. Die Säure von 1,3 spez. Gew. wird erhalten, wenn man 3 Liter Säure von 1,4 spez. Gew. mit 1 Liter destillierten Wassers recht gut mischt. Die gekaufte Säure ist jedesmal auf ihren Chlorgehalt zu prüfen, indem man in dieselbe ein paar Tropfen Höllenstein — die Lösung von salpetersaurem Silber — schüttet. Letztere Lösung hat man ja immer zur Hand von den bei den Goldproben erhaltenen Silberweglösungen. Bleibt nach Zusatz der Silberlösung die Säure vollständig klar, ist letztere sofort verwendbar, d. h. man kann sie mit der entsprechenden Menge Wasser verdünnen und zum Lösen oder Kochen benutzen. Zeigt sich dagegen eine weiße Trübung oder gar ein Niederschlag, so muß man nach Zusatz von genügend Silberlösung, tüchtigem Umrühren oder Umschütteln und Absitzenlassen die Flüssigkeit sich vollkommen klären lassen. Von dem am Boden des Gefäßes sich befindenden Chlorsilber kann dann diese klare Säure abgegossen werden usw.

**Reine konzentrierte Schwefelsäure** von 1,84 spez. Gew. — mit dem Aräometer nachzuprüfen.

**Destilliertes Wasser.** Dies muß natürlich absolut rein und besonders chlorfrei sein, darf also nach Prüfung eines kleinen Teiles desselben mit Silberlösung nicht die geringste Trübung zeigen.

**Kalzinierte Soda.**

**Pottasche,** in gut verschlossener Flasche aufzubewahren, da sie hygroskopisch ist, d. h. leicht Wasser anzieht

**Kochsalz.**

**Glaspulver,** aus irgendwelchen zerbrochenen Glasgegenständen wie Flaschen, Scheiben usw. selbst herzustellen.

**Bleiglätte,** dieselbe soll soweit wie möglich gold-, silberund platinfrei sein.

**Weinstein,** pulverisierte Holzkohle oder Fußmehl.

**Bechergläser.**

**Abdampfschlaen** verschiedener Größe.

**Flache Schälchen** von etwa 8 cm Durchmesser, am besten aus Zinkblech. Diese dienen zur Aufnahme des zum Einwägen bestimmten Probiergutes.

**Schlichtfeilen.**

**Blech- und Papierscheren.**

**Ausgeglühte Linsen oder Erbsen.** Man stellt diese her, indem man die käuflichen Früchte entweder in einen Tiegel füllt, diesen mit einem Deckel zudeckt und dann in einen heißen Ofen stellt, bis aus dem Tiegel keine nennenswerten Gase mehr entweichen, oder in kleineren Mengen in einen Ansiedescherben gibt, diesen mit einem anderen ungebrauchten zudeckt und in die heiße Ofenmuffel stellt, bis auch hier keine Gase mehr entweichen. Man läßt Tiegel oder Ansiedescherben außerhalb des Ofens mit dem betreffenden Deckel erkalten und hebt letzteren erst nun ab, damit nicht durch Zutritt von Luft ein größerer Teil des Inhalts verbrannt wird.

**Goldglühtiegelchen.** Es ist vorteilhaft, sich eine kleinere Sorte von 28 mm und eine größere von 38 mm Höhe anzuschaffen.

**Ansiedescherben.** Im allgemeinen genügen solche von 55 mm oberer lichter Weite, doch ist auch die nächstkleinere Sorte mit ca. 50 mm oberer Weite oft gut anwendbar.

**Muffeln** für den Probierofen, und ist ein Gasschmelzofen vorhanden, für diesen auch Muffeln, Muffeldeckel und verschiedene Einsatzfüße.

Zum Abstellen der heißen, aus dem Ofen kommenden Coupellen dienen nicht zu schwache Bleche aus Messing oder Kupfer von etwa 20 cm Länge und 15 cm Breite mit 12 Vertiefungen und kräftigen Füßen an den vier Ecken von ½ bis 1 cm Höhe.

Zum Herausheben der abgetriebenen Körner aus den Coupellen benutzt man eine sogenannte Kornzange. Hierzu kann man eine gewöhnliche Flachzange von etwa 15 cm Länge, oder auch eine solche der ersteren sonst ähnliche, aber mit Backen, die in eine Spitze auslaufen, verwenden.

Eine nicht zu weiche Messingbürste; sie dient zum Reinigen der mit der Kornzange aus den Coupellen gehobenen Edelmetallkörner.

Ein nicht zu kleiner, kräftiger Magnet muß auch vorhanden sein, damit man Prob- oder Schmelzgut auf etwa vorhandene Eisenteile untersuchen kann.

Scharfe Schaber zur Entnahme des Probegutes von fertigen Waren, wie Zigarettenetui und dgl., um derart dieses Objekt nicht zu stark zu beschädigen und somit zu erhalten, d. h. es nicht zu demolieren.

# B. Probenahme und Zurichtung des Probiergutes.

Wird zur Feuerprobe ein Barren eingeliefert, so müssen, wie schon oben erwähnt, an zwei verschiedenen Stellen, z. B. rechts oben und links unten entweder mittels Abhiebe oder durch Bohrung zwei Proben entnommen werden. Jede dieser Proben muß getrennt gehalten werden und muß an Gewicht soviel ausmachen, daß die Probe erforderlichenfalls wiederholt werden kann. Die Abhiebe werden zunächst auf dem Ambos mittels Hammer ausgeplattet und dann zu dünnem Blech ausgewalzt, damit man letzteres leicht mit einer Blechschere in kleine passende Stücke schneiden kann. Ist das Material sehr spröde, was bei Zinn- und Platingehalt öfters vorkommt, so empfiehlt es sich, dies in einem geschlossenen sogenannten Diamantmörser zu zerkleinern.

Von größeren Mengen Metall erhält man den besten Durchschnitt, wenn man, sofern die Gelegenheit dazu geboten ist, von diesem geschmolzenen Metall, bevor es zu einem Barren oder dergleichen ausgegossen wird, eine sogenannte Schöpf- oder Tiegelprobe nehmen kann. Nach mehrmaligem tüchtigen Umrühren der glutflüssigen Masse wird mittels eines kleinen, mit der eisernen Zange gefaßten Graphittiegels oder eines eisernen langstieligen Löffels eine kleine Menge Metall herausgehoben und entweder in einen kleinen Einguß oder in ein Gefäß mit Wasser in langsamem Strahl ausgegossen, so daß man in diesem Fall eine Anzahl kleinere Kugeln erhält, welche dann natürlich recht gut getrocknet werden müssen.

Bei Blechen wird durch Abschneiden zweier entgegengesetzter Ecken je eine Probe entnommen, so wie bei Drähten von beiden Enden. Handelt es sich um Doublébleche oder Doublédrähte, darf man nicht die letzten ausgewalzten oder ausgezogenen Enden zur Probe verwenden, sondern man muß erst diese Stücke entfernen, um zu dem gleichartigen Teil des zu untersuchenden Objektes zu gelangen. Sind die Doublébleche dünn ausgewalzt und die Drähte dünn ausgezogen, so können die zur Probe entnommenen Stücke sofort hierfür verwendet werden, d. h. sie können mit der Blechschere zerkleinert und diese kleinen Stücke können eingewogen werden. Sind dagegen die Bleche oder Drähte stärker, so würde ein gleiches Verfahren zu mitunter nicht unwesentlichen Fehlern Veranlassung geben können, da durch ein etwas schiefes Abschneiden die Doublé-Auflage mit ihrer Unterlage nicht im tatsächlich vorhandenen Verhältnis zur Einwage gelangen könnte. Hier muß dann das jeweils entnommene nicht zu kleine Probestück mit Hilfe eines Trittgebläses oder Wasserstrahlgebläses unter Zuhilfenahme einer kleinen Menge eines Gemisches von Borax mit wenig Weinstein bei nicht oxydierender Flamme eingeschmolzen werden. Es ist darauf zu achten, daß das Eingeschmolzene einige Sekunden flüssig bleibt, damit eine absolut gleichmäßige Mischung erfolgen kann. Am besten nimmt man das Zusammenschmelzen in einem flachen Tonschälchen oder in einem Ansiedescherben vor, die mit einem Stückchen nicht zu dünnem Asbestpapier für jede neue Schmelzung ausgelegt werden müssen.

Ist ein Schmuckstück zu untersuchen, so muß dasselbe mit obigem Gebläse ganz eingeschmolzen werden, um einen genauen Durchschnitt des Edelmetallgehaltes vom Gesamtstück zu erlangen, denn vielfach wird zur Herstellung zusammengesetzter Stücke ein Lot mit anderem Feingehalt verwendet, wie das Objekt selbst aufweist. Natürlich muß auch auf Wunsch über einzelne Schmuckstückteile Probe angefertigt werden können, wenn z. B. der Einlieferer feststellen lassen will, ob etwa bei Herstellung des betreffenden Objekts auch die richtige Edelmetallegierung verwendet wurde. Es ist dann in diesem Falle besonders darauf zu achten, daß keine Lotteile zur Probe verwendet werden. Um Lotstellen besser erkennen zu können, glüht man bei möglichst niederer Temperatur das Objekt und löscht in kaltem Wasser ab. Bei genauer Besichtigung wird man dann etwa vorhandene Lotstellen leicht erkennen.

Oft sind auch Schmuckstücke oder einzelne Teile derselben mit Kitt ausgefüllt. Dieser wird nach Aufschneiden der betreffenden Stellen durch mäßiges Erwärmen herausfließen gelassen, und dann muß das ganze Stück zusammengeschmolzen werden.

Sind an einzelnen Gegenständen Eisenteile verwendet worden, wie z. B. Eisenfedern an Federringen, Karabinern, Zieharmbändern usw., so müssen solche vor dem Zusammenschmelzen des Objektes erst entfernt werden.

Sollen über Feilungen Proben angefertigt werden, wie dies mehrfach zur Betriebskontrolle erforderlich ist, so hat man mit diesen Feilungen folgendermaßen zu verfahren. Zunächst wird das genaue Gewicht der rohen Feilung festgestellt, dann wird sie so lange ausmagnetet, bis keine Eisenteile mehr am Magnet hängenbleiben. Das ausmagnetete Eisen wird auch gewogen. Hierauf wird die Feilung in einem entsprechend großen Sandtiegel, oder bei kleineren Mengen im Probiertiegel, zusammengeschmolzen, wozu sie mit einem reduzierenden Flußmittel gemischt und mit einem Deckmittel versehen wurde. Als Flußmittel dient ein Gemisch von 3 Gewichts-Tl. Soda, 2 Gew.-Tl. Pottasche, 2 Gew.-Tl. Glaspulver, 1 Gew.-Teil Borax, 1 Gew.-Tl. Kochsalz und 1 Gew.-Tl. pulverisiertem rohen Weinstein. Man verwendet auf 100 g Feilung ca. 35—40 g von diesem Flußmittel, je nachdem die

Metallfeilung etwas weniger oder mehr mit groben Unreinheiten durchmischt ist. Als Deckmittel dient das gleiche Gemisch, aber ohne Zusatz von Weinstein, und man gibt von diesem Mittel so viel in den Tiegel, daß das Gemisch von Feilung und Flußmittel gut davon zugedeckt ist. Nach dem Schmelzen darf in dem über dem Metallkönig sich befindlichen Fluß nicht die geringste Spur von Metallkörnern sich zeigen. Nachdem dieser König gut geputzt, d. h. von allen anhaftenden Schlackenteilchen usw. aufs beste gereinigt ist, wird er gewogen, und somit hat man den Gehalt der Rohfeilung an vorhandener Edelmetallegierung ermittelt. Es darf bei diesem Schmelzen eben kein Abgang von etwa vorhandenen Unedelmetallteilchen stattgefunden haben. Ist der erhaltene Edelmetallkönig nicht zu groß, d. h. wiegt er nicht mehr wie höchstens 70—80 g, und ist kein Platin vorhanden, so kann er sofort zum Probieren der Probeentnahme unterworfen werden, indem man ihn oben und unten anbohrt. Ist der König aber platinhaltig oder größer im Gewicht wie oben angegeben, so muß man ihn zu einem Barren umschmelzen, oder wie man auch sagt, ihn glattschmelzen, d. h. unter Beobachtung der nötigen Vorsichtsmaßregeln, auf daß Unedelmetalle nicht hierbei sich oxydieren und das Edelmetall sich etwa dadurch anreichert, zu einem durchweg gleichmäßigen Schmelz- bzw. Probiergut herrichten.

Bei Untersuchungen von Aschen ist darauf zu achten, daß dieselben sehr fein gemahlen, alle groben Teilchen, besonders Metallteilchen, ausgesiebt, und dann recht gut gemischt sind. Man entnimmt von ein und derselben Partie einer Asche je nach den Mengenverhältnissen derselben zunächst an verschiedenen Stellen oder aus den verschiedenen Gefäßen oder Säcken eine etwas größere Menge, mischt dieselbe mehrmals gut durch, um dann hiervon einen Teil zu nehmen, von welchem man nach abermaligem Durchmischen direkt die Einwägungen für die einzelnen Probetiegel ausführt.

Hat man Untersuchungen von Flüssigkeiten vorzunehmen, wie von niedergeschlagenen oder filtrierten Wasch- und Handwässern, Vergoldungs- oder

Versilberungsbädern usw., so muß die Flüssigkeit recht gut durchgerührt werden und man nimmt mittels Pipette oder Glashebers einen Teil derselben zur weiteren Verarbeitung.

# C. Ausführung der Proben.

## a) Strichproben.

Hat man irgendein Metall auf seinen Edelmetallgehalt zu untersuchen, so fertigt man in jedem Fall zunächst eine Strichprobe an, da man an Hand derselben sich schon ein ziemlich annäherndes Bild vom Gehalt des Objekts machen kann. Häufig werden auch von kleinen Metallstücken nur Strichproben verlangt, um die Ausgabe für die teureren Feuerproben zu sparen, ferner auch von Schmuckstücken, welche als solche erhalten bleiben sollen, aber von welchen der annähernde Feingehalt doch festgestellt werden soll. Zuweilen werden auch größere Mengen von Halb- oder Ganzfertigfabrikaten gleicher Form und gleicher Farbe, welche im Feingehalt verschieden, aber durch Zufall oder Unachtsamkeit durcheinandergeraten sind, mittels Strichprobe zur Aussortierung gebracht.

Die Strichproben werden auf einem sogenannten Strichstein ausgeführt. Es ist dies ein schwarzer Kieselschiefer, welcher in viereckige Form geschnitten ist, meist eine Dicke von 0,7—1 cm besitzt, sonst aber von sehr verschiedener Größe, z. B. von 4—10 cm Länge und 3—6 cm Breite ist. Er muß von recht großer Härte sein und eine glatte Oberfläche besitzen. Von vorhergehenden Strichproben wird der Stein mittels Schmirgelpapier, Schmirgelpulver oder Bimsstein, Bimsmehl usw. unter Zuhilfenahme von Wasser gereinigt, dann getrocknet und mit ein wenig Kienruß und Öl eingerieben. Auf diesem so vorbereiteten Stein wird von dem zu untersuchenden Metall ein voller satter Strich angefertigt, derart, daß der Strich eine Fläche von etwa 20—25 mm Länge und etwa 1,5—2 mm Breite bedeckt, ohne daß noch einzelne Striche zu erkennen sind.

**1. Strichproben auf Silber.** Für Silberstrichproben benötigt man außer dem Steine noch eine Silberstrichsäure

und mehrere Silberstrichnadeln. Die Strichsäuren (auch
für Gold) befinden sich in Flaschen von 10—50 ccm Inhalt
mit eingeschliffenem Stopfen. Letzterer geht aber in einen
unten zugespitzten Glasstab über, welcher bis fast zum
Boden der Flasche reicht. Hebt man den Stopfen aus der
Flasche, so bleibt an dem an ihm befindlichen Glasstabe
so viel Säureflüssigkeit hängen, daß man einen Tropfen
davon auf den Stein geben kann. Natürlich wird man sich
in anderen größeren Flaschen größere Mengen von Strichsäuren vorrätig halten. Die Silberstrichsäure stellt man sich
her, indem man in Drogerien käufliches **doppeltchrom-
saures Kali** (Kaliumbichromat) pulverisiert und mit reiner
**konzentrierter Schwefelsäure** oder Salpetersäure von
1,3 spez. Gewicht übergießt, und zwar nur mit so viel, daß
ein ganz dicker Brei entsteht. Hierauf gibt man so viel
Wasser hinzu, daß sich der Brei gerade auflöst. Die Silberstrichnadeln bestehen aus **Silber-Kupferlegierung** mit
verschiedenem Silbergehalt, z. B. aus 2lötigem Silber
= 125 Tsdt. fein, 4lötigem Silber = 250 Tsdt. fein, 6löti-
gem Silber = 375 Tsdt. fein, 8lötigem Silber = 500 Tsdt.
fein, 10lötigem Silber = 625 Tsdt. fein, 12lötigem Silber
= 750 Tsdt. fein, 14lötigem Silber = 875 Tsdt. fein und
16lötigem Silber = 1000 Tsdt. fein, oder aus Legierungen
mit 200 Tsdt., 300 Tsdt., 400 Tsdt., 500 Tsdt., 600 Tsdt.,
700 Tsdt., 800 Tsdt., 900 Tsdt. und 1000 Tsdt. Silber fein.
Diese Strichnadeln fertigt man in Blechstreifen von 30
bis 35 mm Länge, 3 mm Breite und 0,6 mm Stärke. An
einem Ende der Nadel befindet sich ein kleines Loch,
durch welches ein zum Kreis gezogener Draht behufs Auf-
reihung der sämtlichen Nadeln hindurchgeführt werden
kann. Selbstverständlich müssen die Nadeln durch Ein-
schlagen der betreffenden Zahl des Silbergehaltes oder der
Lötigkeit mittels Punzen voneinander kenntlich gemacht
bzw. leicht voneinander zu unterscheiden sein.

Die Silberstrichsäure dient lediglich dazu, um festzustellen, ob der auf dem Stein erzeugte weiße Strich auch
von Silber oder einer Silberlegierung oder von sonstigen,
einen weißen Strich gebenden Metallen oder Legierungen
herrührt. Gibt man nämlich auf den Strich einen Tropfen

der Silberstrichsäure, und zwar ohne mit dem Glasstab, mit dem man den Tropfen der Flasche entnommen hat, den Strich zu zerreiben, so zeigt sich ein vorhandener Silbergehalt durch eine schöne hellrote Färbung, die besonders gut bemerkbar ist, wenn man sofort mit Wasser den Strich behutsam überspült. Ist kein Silber oder nur in sehr geringen Mengen, etwa unter 300 Tsdt., vorhanden, so ist diese Rotfärbung nicht zu bemerken; der Strich bleibt dann, je nach dem Metall, grau z. B. bei Platin oder Weißgold, oder er verschwindet unter der Strichsäure z. B. bei Neusilber, Aluminium usw. Hat man nun derart festgestellt, daß Silber vorliegt, so wird mit Hilfe der Silberstrichnadeln der Feingehalt ungefähr zu ermitteln gesucht. Es geschieht dies, indem man neben dem Strich des zu untersuchenden Metalles Striche der verschiedenen Silberstrichnadeln anbringt und nun vergleicht, mit welchem dieser Striche derjenige des Objekts möglichst in der Farbe übereinstimmt. Im allgemeinen kann man dann annehmen, daß auch die Gehalte an Silber übereinstimmen; doch ist dies durchaus nicht immer der Fall, z. B. dann, wenn etwa eine Silber-Kupfer-Kadmium oder auch Silber-Kupfer-Zinklegierung, das sind Silberlote, vorliegt. Hier ist man dann leicht geneigt, zufolge des geringeren Kupfergehaltes, einen zu hohen Silbergehalt anzunehmen.

Sollte die Strichprobe bei fertigen Gegenständen, wie Tafelaufsätzen, Schalen, Kannen usw., etwa einen Gehalt von Feinsilber ergeben, so ist in solchen Fällen wohl fast ohne Ausnahme anzunehmen, daß die betreffenden Objekte nur sehr stark versilbert sind, denn sie werden wohl nie aus Feinsilber angefertigt. Die Vorsicht gebietet dann, an einer nicht zu auffälligen Stelle recht stark die Oberfläche abzufeilen und derart zu versuchen auf das Grundmetall, meist eine weiße Legierung wie Alpaka oder dergleichen, zu kommen, um so ganz sicher den wahren Charakter des Gegenstandes zu ermitteln.

**2. Strichproben auf Gold.** Zur Ausführung annähernd genauer Goldstrichproben benötigt man außer einer Reihe von Strichsäuren einer größeren Menge von Goldstrichnadeln.

2*

Als Goldstrichsäuren verwendet man:

| Nr. 1 | Salpetersäure von | 1,2 | spez. Gewicht |
|---|---|---|---|
| „ 2 | „ | „ 1,3 | „   „ |
| „ 3 | „ | „ 1,4 | „   „ |
| „ 4 | „ | „ 1,2 | „   „ |
| „ 5 | „ | „ 1,3 | „   „ |
| „ 6 | „ | „ 1,4 | „   „ |

Zu den Säuren Nr. 4, 5 und 6 werden auf je 1 Liter ca. 25—30 Tropfen chemisch reine starke Salzsäure hinzugegeben und recht gut gemischt.

An Goldstrichnadeln sollte man mindestens von jedem Karat zwischen 6 und 18 Karat (das ist von 250 Tsdt. bis 750 Tsdt. Gold steigend jeweils um 41,6 Tsdt.) je 3—4 Nadeln zur Verfügung haben, und zwar wenigstens eine rote, eine rosa und eine gelbe Legierung, deren Farbe natürlich durch einen geringeren oder höheren Silbergehalt bzw. durch einen höheren oder geringeren Kupfergehalt bedingt wird. Je mehr solcher Strichnadeln, etwa von 25 zu 25 Tsdt. Gehalt in Gold und jeweils von 0 Tsdt. steigend um 100 Tsdt. Silbergehalt neben restlich entsprechendem Kupfergehalt, vorhanden sind, um so sicherer ist eine Strichprobe richtig auszuführen.

Zwei Beispiele seien angeführt. So sollte man für 8 Karat (gleich 333 Tsdt.) folgende Nadeln mit 333 Tsdt. Gold

| 333 Tsdt. Gold | 0 Tsdt. Silber | 667 Tsdt. Kupfer |
|---|---|---|
| 333 „   „ | 100 „   „ | 567 „   „ |
| 333 „   „ | 200 „   „ | 467 „   „ |
| 333 „   „ | 300 „   „ | 367 „   „ |
| 333 „   „ | 400 „   „ | 267 „   „ |
| 333 „   „ | 500 „   „ | 167 „   „ |
| 333 „   „ | 600 „   „ | 67 „   „ |
| 333 „   „ | 667 „   „ | 0 „   „ |

und für 18 Karat, das sind 750 Tsdt. Gold

| 750 Tsdt. Gold | 0 Tsdt. Silber | 250 Tsdt. Kupfer |
|---|---|---|
| 750 „   „ | 100 „   „ | 150 „   „ |
| 750 „   „ | 200 „   „ | 50 „   „ |
| 750 „   „ | 250 „   „ | 0 „   „ |

vorrätig haben.

Die Goldstrichnadeln bestehen aus kleinen flachen Stückchen Goldlegierung von ca. 0,3 g, welche an Kupfer-

oder Messingblechstreifen von der gleichen Form wie die
Silberstrichnadeln derart angelötet sind, daß das Lot
nur die Verbindungsstelle von Gold mit Blechstreifen be-
rühren darf und nicht etwa kleine Teile desselben an un-
rechter Stelle der Goldlegierung verzettelt sind.

Die leichte Unterscheidung der verschiedenen Goldstrichnadeln wird dadurch bewirkt, daß man auf die Blechstreifen sowohl den Goldgehalt als auch den jeweiligen
Silbergehalt durch Punzen einschlägt. Ähnlich wie die
Silberstrichnadeln reiht man auch die Goldstrichnadeln in
passenden Bündeln auf Drahtringe.

Im allgemeinen greift die Strichsäure

$$
\begin{array}{lllll}
\text{Nr. 1} & \text{Goldlegierungen bis} & \text{380 Tsdt. an} \\
\text{,, 2} & \text{,,} & \text{,, 460 ,, ,,} \\
\text{,, 3} & \text{,,} & \text{,, 560 ,, ,,} \\
\text{,, 4} & \text{,,} & \text{,, 660 ,, ,,} \\
\text{,, 5} & \text{,,} & \text{,, 720 ,, ,,} \\
\text{,, 6} & \text{,,} & \text{,, 780 ,, ,,}
\end{array}
$$

Diese Zahlen sind jedoch durchaus nicht feststehend,
denn je nachdem die Säuren etwas wärmer oder kälter
sind oder auch der Strichstein, auf welchem die Strichproben ausgeführt werden, zu verschiedenen Zeiten verschiedene Temperaturen aufweist, werden auch die Strichsäuren schneller und intensiver oder langsamer und weniger
stark anzugreifen imstande sein. Ferner wird mit derselben
Säure ein röterer Strich stets viel stärker angegriffen werden
als ein gelberer, d. h. Silber reicherer, wenngleich auch die
Goldgehalte dieser beiden Striche die absolut gleichen
sind. Es wird sogar eine rote Goldlegierung mit einem
höheren Goldgehalt von der gleichen Strichsäure meistens
stärker auf dem Strich angegriffen, als eine nicht zu erheblich niedere mit einem höheren Silbergehalt.

Die Ausführung der Strichproben erfolgt derart, daß
man auf dem gut gereinigten, eingefetteten und geschwärz-
ten Stein einen satten vollen Strich von dem zu prüfenden
Objekt macht und einen Tropfen der Säure Nr. 3 darauf
gibt. Wird der Strich nun schnell angegriffen, so nimmt
man die niederen Säuren Nr. 2 und 1 zu Hilfe. Wird der
Strich mit Säure Nr. 1 auch vollständig weggelöst, d. h. ist

nichts unter dem Säuretropfen zu sehen als wie der schwarze Stein, so kann nur durch eine Feuerprobe ein etwaiger Goldgehalt festgestellt werden. Bleibt der Strich von Säure Nr. 3 aber unangegriffen, so versucht man die stärkeren Säuren Nr. 4 usw. Hat man auf diese Weise einen ungefähren Anhalt über den Gehalt des Objektes, so macht man einen neuen Strich und daneben in möglichst derselben Färbung Striche von 2—4 Strichnadeln, welche der vermuteten Karatierung nahekommen. Hat z. B. Säure Nr. 3 stark, aber die Säure Nr. 1 nur etwas angegriffen, so wird man etwa die Strichnadeln von 300 Tsdt., 333 Tsdt. und 360 Tsdt. daneben streichen und nun mit Säure Nr. 1 übertupfen und zusehen, welcher Strich mit dem des Objekts unter der Säure am besten übereinstimmt. Oder Säure Nr. 3 hat nicht angegriffen aber Säure Nr. 4, dann wird man neben dem Strich des Objekts diejenigen der Nadeln von 560 Tsdt., 585 Tsdt., 600 Tsdt. und 625 Tsdt. evtl. von 650 Tsdt. in möglichst derselben Farbe anbringen, mit Säure Nr. 4 alle Striche gleichzeitig betupfen und nun Obacht geben, welcher Nadelstrich dem Strich des Objektes beim Angreifen der Säure am nächsten kommt. So wie es von großer Wichtigkeit ist, daß immer die Farbe der Striche von Objekt und Nadel so gut als möglich übereinstimmen, d. h. die gleichen Silbergehalte annähernd haben, so ist stets darauf zu achten, daß immer diejenige Strichsäure für die endgültige Bestimmung in Anwendung gebracht wird, welche gerade den Strich des Objektes angreift. Öfter muß man, um dies genügend beobachten zu können, mehrere Minuten warten, d. h. die Säure auf den Strich einwirken lassen.

**3. Strichproben auf platinähnliche Legierungen.** Die Verwendung des Platins, besonders in der Schmuckwarenindustrie, gibt auch vielfach Veranlassung, Weißmetalle in einfacher Weise auf etwaigen Bestand aus Platin, Platinersatz, z. B. Weißgold oder ganz unechtem Metall, mittels Strichprobe zu prüfen. Weißgold ist eine Legierung von 580 bis 800 Tsdt. Gold unter Zusatz von 100 oder auch mehr Tsdt. Palladium sowie Kupfer oder auch unter Zusatz von Nickel und Kupfer oder auch von Palladium Nickel und Kupfer; öfter ist auch ein Teil des Kupfers durch Silber ersetzt.

Ergibt eine Probe auf dem Strichstein bei Verwendung der Goldstrichsäure Nr. 3 ein sofortiges Verschwinden des Striches, so liegt kein Platin oder Weißgold vor. Es bliebe evtl. dann übrig, noch auf Silber mittels der Silberstrichsäure zu prüfen, ob solches vorliegt oder überhaupt Unedelmetall oder eine entsprechende Legierung. Bleibt jedoch der Strich von Säure Nr. 3 unangegriffen, so liegt Platin oder Weißgold vor. Jetzt muß man mit einer Strichsäure prüfen, die man für diesen besonderen Fall zurechtgemischt hat, und zwar aus ungefähr gleichen Teilen Salpetersäure von 1,3 spez. Gew. und Salzsäure von 1,12 spez. Gew. Übertupft man mit dieser Platinstrichsäure den Strich auf dem Stein, so wird davon Platin nicht angegriffen, während Weißgold nach kurzer Zeit weggelöst wird.

Niedereres etwa 14karätiges Weißgold kann mit Hilfe der Säuren Nr. 4—6 annähernd bestimmt werden.

**4. Strichproben für platinhaltiges Güldisch.** Da Abfälle von platinhaltigen Goldschnipfeln und Feilungen oftmals zusammengeschmolzen und solche zur Feststellung der verschiedenen Edelmetallgehalte einem Probierlaboratorium übergeben werden, so sucht man hier wie bei allen anderen Proben sich zunächst mittels Strichprobe ein ungefähres Bild von der Zusammensetzung des Materials zu machen. Bei einem verhältnismäßig geringem Platingehalt von etwa 1—50 Tsdt. wirkt derselbe wenig störend auf die ungefähre Feststellung des Goldgehaltes, wenngleich auch hier in den meisten Fällen derselbe etwas zu hoch erscheinen dürfte. Bei höhersteigendem Platingehalt wird indes die Möglichkeit immer geringer, eine leidlich genaue Strichprobe anzufertigen, und bei Anwesenheit von erheblichen Mengen Platin, etwa über 100 Tsdt., wird es meist ganz unmöglich, mittels Strichprobe annähernde Feststellungen betr. irgendwelcher Gehalte zu machen.

**5. Strichproben für Fein- oder annähernd Feinplatin.** Hat man auf dem Strichstein das Vorhandensein von annähernd Feinplatin, wie unter **3.** angegeben, festgestellt und will dessen ungefähr genauen Feingehalt wissen, so verfährt man, wie nachstehend angegeben.

Vorausgeschickt sei aber erst noch, daß man zur Ausführung dieser Feinplatinstrichproben sich Strichnadeln verschaffen muß mit sicherem Feingehalt von 1000—975 —950—925—900 und 875 Tsdt. Platinfeingehalt, wobei der Zusatz Kupfer oder Palladium sein kann.

Von dem zu untersuchenden Platin wird an einem Ende des Strichsteines ein normaler satter Strich ausgeführt und daneben von den erwähnten Platinstrichnadeln etwa von den ersten drei je ein Strich. In einer Porzellanschale mischt man Königswasser zurecht aus 3 Teilen starker Salzsäure von 1,2 spez. Gewicht und 1 Teil Salpetersäure von 1,4 spez. Gew. und erhitzt zum Kochen. Hierin stellt man den mit den Strichen versehenen Strichstein derart, daß die Striche in dem Säuregemisch eintauchen. Nach kurzer Zeit — nicht ganz einer Minute — kann man schon vielfach nach Herausnehmen des Steines aus der Schale beobachten, ob und welche Striche angegriffen worden sind. Verschiedentlich dauert es auch etwas länger, bis ein Angreifen bzw. ein Unterschied an den Strichen festgestellt werden kann. Man beläßt natürlich den Stein so lange in der Säure, bis der Strich vom Objekt angegriffen wird bzw. etwa zusammen mit dem Strich vom 1000 feinen Platin allein längere Zeit unangegriffen bleibt. Ist der Strich des Objekts am stärksten angegriffen oder etwa ganz weggelöst, so wird man den Versuch erneuern müssen unter Zuhilfenahme der drei niederen Strichnadeln und bei kürzerem Belassen des Steines in der heißen Säure oder auch bei längerem Belassen in der Säure, wenn man etwas verdünnt hat. Durch Vergleich der verschieden von der Säure angegriffenen Striche miteinander gegen den des Objekts wird man nach kurzer Übung feststellen können, welchen Feingehalt an Platin das Objekt aufweist. Man kann derart vielfach sicher Unterschiede von 10 Tsdt. im Feingehalt feststellen.

Hält das Platin jedoch Iridium, so ist diese Strichprobe nicht anwendbar, denn dann würde man leicht zu viel zu hohen Ergebnissen gelangen.

**6. Strichproben auf Palladiummetall.** Palladiummetall oder sehr hoch palladiumhaltige Legierungen lassen dieses Metall mit der Platinstrichsäure dadurch erkennen, daß die Säure auf dem Stein sich mehr oder minder rot färbt.

## b) Feuerproben.

**1. Silberproben.** Ist ein Objekt nur auf Silber zu untersuchen, d. h. sind weder Gold noch andere Edelmetalle vorhanden, so sucht man mittels Strichprobe zunächst den ungefähren Feingehalt an Silber zu ermitteln. Man macht dann von dem Objekt zwei Einwagen zu je 0,5 g (= 1000 Tsdt.). Liegen 2 Bohrungen oder 2 Abhiebe eines Objekts (z. B. Barrens usw.) vor, so werden von jeder Bohrung resp. jedem Abhieb eine Einwage gemacht. Das absolut genau Eingewogene wird entweder in Bleipapier, d. i. dünn ausgewalztes silberfreies Blei oder in dünnes, möglichst aschefreies Pergamentpapier gewickelt und kommt auf die schon im Ofen etwa 5 Minuten vorher angewärmte Coupelle, auf welche man eine bestimmte Menge Blei gebracht hat. Dieses Blei muß natürlich auch soweit wie möglich silberfrei sein. Je nach dem vorhandenen Silbergehalt des Probegutes beträgt diese Bleimenge bei

| | | | |
|---|---|---|---|
| 0— 500 | Tsdt. Silber | 10 g | Blei |
| 500— 600 | „ „ | 9—8 g | „ |
| 600— 700 | „ „ | 7 g | „ |
| 700— 800 | „ „ | 6 g | „ |
| 800— 900 | „ „ | 5—4 g | „ |
| 900— 950 | „ „ | 3 g | „ |
| 950—1000 | „ „ | 2—1 g | , |

Hat man Blei und Einwage auf die Coupelle gebracht, so läßt man die Muffel so lange geschlossen, bis der Abtreibprozeß beginnt, d. h. das Blei nach dem Zusammenschmelzen mit der Einwage eine helle Oberfläche zeigt. Dieser Prozeß beruht darauf, daß in höherer als der Schmelztemperatur des Bleies mit diesem der Sauerstoff der stets vorhandenen Luft zu Bleiglätte sich verbindet. Diese Bleiglätte wird nun bei richtiger Konsistenz der Coupellen von letzteren aufgesogen, während sie metallisches Blei nicht imstande sind aufzunehmen. Gleichzeitig mit dem Blei werden aber nun auch die anderen vorhandenen Unedelmetalle oxydiert, vor allem das Kupfer, und da die entstandene Bleiglätte diese anderen Oxyde meist glatt in sich auflöst, so werden sie auch mit in die Coupelle gezogen. Es verringert sich nach und nach der Inhalt der Coupelle, und es bleibt zum

Schluß nur das gesamte Edelmetall übrig, da dieses sich ja nicht mit dem Sauerstoff der Luft zu verbinden vermag, d. h. auf so einfache Art keine Oxyde bildet. Das Abtreiben muß bei Silberproben derart vorgenommen werden, daß sich an dem vorderen inneren Rand der Coupelle sogenannte Federglätte bildet. Es ist dies zu erreichen, wenn die heißen im Ofen stehenden Coupellen an einen Platz so weit nach vorn gegen die Muffelöffnung gestellt werden, daß sie eine geringere Temperatur zeigen, d. h. etwas dunkler erscheinen als gerade die Stelle des Muffelbodens, wo sie sich befinden. Den Endpunkt des Treibens zeigt der Silberblick an, nach dessen Beendigung das Korn möglichst bald erstarren soll. Der Silberblick ist ein Spiel von Regenbogenfarben auf dem noch flüssigen Korn, welches mehrere Sekunden an- dauert und leicht beobachtet werden kann. Ist das Korn nach dem fertigen Abblicken erstarrt, so wird die Coupelle etwas zurück in den heißeren Teil des Ofens geschoben, von wo sie nach nicht zu langer Zeit wieder allmählich nach vorn gezogen wird. Man will hierdurch das sogenannte Spratzen der Körner vermeiden. Letzteres ist eine Erscheinung, die eintritt, wenn die Körner sofort nach dem Erstarren aus dem Ofen genommen werden, oder besonders einige Zeit nach dem Blicken flüssig geblieben waren. Das Spratzen äußert sich dadurch, daß bei äußerer Erstarrung des Kor- nes im Innern noch nicht völlig erstarrtes Silber sich be- findet, welches beim Zusammenziehen des Silberkornes und veranlaßt durch vorherige Aufnahme von Sauerstoff aus der Luft und Hinausgedrängtwerden des letzteren in hef- tiger Weise durch die erstarrte Hülle gepreßt und zum Teil verschleudert wird. Eine weitere sehr gute Maßnahme, das Spratzen der Silberkörner zu vermeiden, besteht darin, daß man die Coupellen mit den eben erstarrten Silberkörnern derart umwendet, daß die Vertiefungen mit den Körnern nach dem Innern der Muffel blicken, während der Boden der Coupelle direkt nach außen sieht. In dieser Stellung beläßt man die Coupellen kurze Zeit und kann sie dann wieder in richtiger Stellung am vordersten Rande der Muffel verweilen lassen, ehe man sie ganz herausnimmt. Sind die Coupellen mit den Körnern aus dem Ofen genommen und

etwas erkaltet, so werden die letzteren mit Hilfe der Kornzange fest gepackt und aus der Coupelle herausgehoben.
Ist das Abtreiben ordnungsmäßig ausgeführt worden, so
muß sich das Korn leicht von der Coupelle abheben lassen.
War jedoch zur vorhandenen Kupfermenge zu wenig Blei
zum Abtreiben verwendet worden, so haftet das Korn
meistens derart fest, daß es nur mit einiger Mühe sich mit
der Zange fassen läßt, zumal es auch vielmals weniger eine
runde als vielmehr eine flache Form angenommen hat.
Die Unterseite des Kornes muß eine silberweiße, matte
Farbe zeigen, während es bei zu kaltem Treiben vorkommen
kann, daß sie glänzend und womöglich etwas gelblich gefärbt ist. Hier ist dann die letzte Bleiglätte nicht vollständig von der Coupelle aufgesogen worden und hängt
noch am Korn. Für diesen Fall ist die Probe völlig unbrauch-
bar und muß unbedingt wiederholt werden. Wollte man
ein solches Korn auf einer anderen heißen Coupelle mit ein
wenig Blei zum guten Abblicken bringen, so würde das
Resultat ein absolut falsches, nämlich ein zu niedriges sein.

Die herausgehobenen Körner werden allseitig etwas mit
der Zange gedrückt und mit einer Messingbürste auf der
unteren Seite geputzt, um die etwa daran hängenden Teilchen der Coupelle restlos zu entfernen. Nun werden die
Körner einzeln gewogen, woraus sich dann der Feingehalt
bei Einwagen nach Tausendteilen sofort ergibt, während
bei Einwagen von 0,5 g die Auswägungen, die in Milligramm
erfolgen, verdoppelt werden müssen. Bei gleichmäßigem
Material dürfen die beiden Körner einer Probe nur um weni-
ges differieren, sonst muß die Probe wiederholt werden.

Bei einfachen Silberproben muß stets auf den sogenannten Coupellenzug Rücksicht genommen werden; denn ein kleiner Teil des Silbers wird stets von der Bleiglätte mechanisch
mit in die Coupelle hineingezogen. Eine kleine aber unwesentliche Verflüchtigung des Silbers tritt aber auch mit
dem beim Abtreiben sich bildenden Bleirauche besonders
bei etwas höherer Temperatur ein. Hat man mit der richtigen Bleimenge und derart kühl getrieben, daß sich Federglätte gebildet hat, so beträgt der Silberverlust, d. i. in der
Hauptsache der Coupellenzug, welcher dem durch Aus-

wägung gefundenen Silbergehalt hinzugerechnet werden
muß, im allgemeinen bei

$$
\begin{array}{lll}
200\text{—}300 \text{ Tsdt. Silber} & 2 \text{ Tsdt.} \\
300\text{—}400 \quad,, & \quad,, & 3 \quad,, \\
400\text{—}500 \quad,, & \quad,, & 4 \quad,, \\
500\text{—}700 \quad,, & \quad,, & 5 \quad,, \\
700\text{—}800 \quad,, & \quad,, & 4 \quad,, \\
800\text{—}950 \quad,, & \quad,, & 3 \quad,, \\
950\text{—}990 \quad,, & \quad,, & 2 \quad,,
\end{array}
$$

Ist jedoch zuviel Blei verwendet worden, oder ist das
Abtreiben etwas zu heiß erfolgt, so erhöht sich der Coupellenzug und kann bis zum Doppelten der angegebenen Zahlen
und noch mehr betragen.

Will man eine äußerst genaue Silberprobe anfertigen,
welche im besonderen darauf beruht, den genauen Silberverlust beim Abtreiben zu ermitteln, so macht man erst eine
Vorprobe, indem man 250 mg ($= 500$ Tsdt.) einwiegt, mit
der entsprechenden Menge Blei abtreibt, das erhaltene Korn
wiegt und auf Tausendteile ausrechnet. Dann wiegt man zur
Hauptprobe zweimal je 0,5 g ($= 1000$ Tsdt.) ein und zur
Kontrolle ein- oder zweimal soviel oder besser 10 Tsdt. $=$
5 mg mehr Feinsilber ein, wie die Vorprobe ergab und noch
soviel silberfreies Kupfer dazu, daß Feinsilber und Kupfer
zusammen 0,5 g $= 1000$ Tsdt. betragen. Hauptprobe und
Kontrollprobe werden nun im Ofen genau nebeneinander
mit genau derselben Bleimenge abgetrieben. Die erhaltenen
Körner werden gewogen und zu den Körnern der Hauptprobe
muß dann soviel hinzugerechnet werden, als die Kontrollprobe
durch den Abtreibprozeß an Feinsilbergehalt verloren hat.

Eine Untersuchung von Feinsilber oder annähernd sol-
chem wird folgendermaßen ausgeführt. Man wiegt viermal
genau 700 mg $= 1400$ Tsdt. Bleipapier ab und zweimal
je 500 mg $= 1000$ Tsdt. vom zu untersuchenden Silber und
zweimal je 500 mg $= 1000$ Tsdt. vom vorhandenen Feinsilber. Jede Einwage kommt in je ein genau gewogenes
Bleipapier. Vier schon vorher im Ofen befindliche Coupellen stehen zunächst in einem ziemlich heißen Teil der
Muffel direkt nebeneinander, und man setzt darin, natürlich ohne weiteren Bleizusatz, die verschiedenen Einwagen

schnell hintereinander derart auf, daß abwechselnd eine Einwage vom Objekt und vom Kontrollfeinsilber folgen. So wie die erste Coupelle treibt, wird sie mit der Zange gefaßt und das treibende Korn im Innern der Coupelle durch entsprechende Bewegung hin und her gedreht, damit ja alle Teilchen zusammenkommen und nicht etwa einige an der Wandung hängenbleiben. Es muß dies behutsam, aber schnell ausgeführt werden. Nun werden die Coupellen in den vorderen nicht zu heißen Teil der Muffel gestellt, wo die Körner dann bald fertig getrieben sind, voll abblicken und gleich darauf erstarren müssen. Ist letzteres erfolgt, so werden die Coupellen in den heißeren Teil der Muffel zurückgeschoben, dort kurze Zeit stehengelassen und allmählich nach vorn gezogen, oder in früher beschriebener Weise um 90 Grad gekippt und so kurze Zeit stehengelassen. Die geputzten Körner werden nun derart gewogen, daß man zunächst die zwei Kontrollkörner miteinander vergleicht; es darf höchstens eine Differenz von einigen Zehnteln vorhanden sein, sonst muß evtl. die Probe wiederholt werden. Dann werden die beiden anderen Körner miteinander verglichen, und sie müssen natürlich ebenfalls möglichst genau übereinstimmen. Jetzt werden die beiden Kontrollkörner auf die eine Wagschale und die beiden anderen Körner auf die andere Wagschale gelegt, und um soviel Milligramm letztere beiden leichter sind als die ersteren, um soviel Tausendteile ist das Objekt weniger fein wie 1000. Zu beachten ist, daß, wenn man nach Tausendteilen ein- und die Differenz ausgewogen hat, man letztere natürlich durch zwei teilen muß.

Will man auch bei weniger feinem Silber, z. B. Münzsilber oder dgl., eine ebenso genaue Feuerprobe ausführen, so wiegt man zur Haupt- und Kontrollprobe auch die Bleimenge, welche zum Abtreiben dienen soll, also etwa 4 g, äußerst genau etwa bis auf 1 mg ab und verfährt in bekannter Weise. Bei einiger Übung in der Ausführung derartiger Proben erreicht man Genauigkeiten, welche die Ergebnisse von nassen Silberproben nicht nur erreichen, sondern womöglich übertreffen, wobei auch noch eine große Zeitersparnis eine besonders günstige Rolle spielt.

Will man bei einem Material schnell feststellen, ob es überhaupt etwas Silber enthält, so löst man davon etwa 0,2—0,3 g in reiner chlorfreier, natürlich nicht silberhaltiger Salpetersäure von 1,2 spez. Gew. auf, verdünnt mit etwas destilliertem Wasser und setzt einen Tropfen Salzsäure hinzu. Zeigt sich eine milchige, weiße Trübung oder ein käsiger, weißer Niederschlag, die beim Kochen sich nicht wieder auflösen, was sonst auf Blei deuten würde, so ist Silber vorhanden. Bleibt gleich beim Auflösen in Salpetersäure eine weiße Masse übrig, deutet diese auf einen Gehalt von Zinn hin. Es muß dann erst zur klaren Flüssigkeit filtriert werden, um weiter auf Silber geprüft werden zu können.

**2. Ansiedeproben.** Läßt sich irgendein edelmetallhaltiges Objekt nicht direkt auf der Coupelle abtreiben, d. h. schmilzt die Einwage mit dem in die Coupelle eingesetzten Blei nicht gut zusammen, bildet vielmehr am Rande Krusten usw., die fast stets Edelmetall zurückhalten, so ist eine sogenannte Ansiedeprobe erforderlich. Es kommt dies bei Nickel-Zinn- sowie höherem Zink-Kadmium- und Eisengehalt vor.

Die Ansiedeprobe wird ausgeführt, indem man die gewöhnliche Einwage von zweimal 0,5 g = 1000 Tsdt. je auf einen Ansiedescherben bringt und dazu etwa 25 g Probierblei gibt sowie etwas Soda, Pottasche und Borax. Die Scherben müssen zuerst etwa zehn Minuten vor der Muffel stehen, d. h. langsam angewärmt werden, ehe sie in die Muffel hineingestellt werden. Ist letzteres erfolgt, wird die Muffel so lange geschlossen, bis die ganze Masse glatt eingeschmolzen ist. Nun wird die Muffel geöffnet, und der Ansiedeprozeß geht derart vor sich, daß das Blei sich zu Glätte oxydiert und auch die andern vorhandenen Unedelmetalle sich in Oxyde verwandeln, welche von der Glätte und den zugesetzten Schmelzmitteln aufgenommen werden. Die Glätte wird von dem Scherben nicht wie etwa von der Knochenaschencoupelle aufgesogen, sondern befindet sich als solche im Ansiedescherben, und da sich durch die immer weiter fortschreitende Oxydation des Bleies die Glätte weiter vermehrt, so bedeckt sie nach und nach das immer weniger werdende metallische Blei, und es kommt dann der Augenblick, wo die Glätte vollständig das nur noch als kleines Auge durch die Glätte schauende Blei zudeckt. Man sagt jetzt, der Scherben sei zugegangen. Er kann nun aus dem Ofen herausgenommen und nach dem Erkalten aufgeschlagen werden. Der vorhandene Bleikönig wird gereinigt und in einer entsprechend großen Coupelle in bekannter Weise, natürlich ohne weiteren Bleizusatz, abgetrieben.

Ist nur Silber vorhanden, werden die Körner gewogen, und die Probe ist fertig. Sind jedoch außerdem noch Gold oder Platin vorhanden, so werden die Körner nach dem Wiegen gemäß den unten angegebenen betreffenden Methoden weiter verarbeitet.

**3. Güldisch- oder Doubléproben.** Es sind dies Proben, bei welchen auf dem Strichstein kein Goldgehalt festgestellt werden kann. Zeigt das Material einen bestimmten Silbergehalt, so wird sofort zweimal je 0,5 g = 1000 Tsdt. eingewogen und mit der für Silberproben bestimmten Bleimenge abgetrieben. Die Körner werden gewogen, etwas geschlagen und einzeln in je einen Lösekolben gebracht, in dem sich ca. 3—5 ccm erwärmte Salpetersäure von 1,2 spez. Gew. befinden. Das Lösen ist beendet, wenn sich keine braunen Dämpfe mehr zeigen und nur noch Kochblasen aufsteigen. Bei dem großen Silberüberschuß wird das zurückgebliebene Gold stets zu Staub zerfallen. Der Kolben wird vom Feuer genommen bzw. die Flamme gelöscht, und dann wird nach gutem Absetzenlassen des Goldes die Säure behutsam abgegossen, heißes, destilliertes Wasser zugegeben, die Kolben vorsichtig umgeschwenkt, nicht geschüttelt, wieder absitzen lassen, dieses Wasser abgegossen, dann wird noch einmal heißes, destilliertes Wasser auf das Gold gegeben, umgeschwenkt, absitzen gelassen und wieder abgegossen. Nun wird der ganze Kolben mit gewöhnlichem Wasser gefüllt, wobei die Flüssigkeit vollständig wasserklar bleiben muß. Sollte das vorhergehende Ausschwenken des Kolbens mit destilliertem Wasser nicht sorgfältig genug ausgeführt worden sein, sich noch Spuren Silberlösung im Kolben befinden, so würde jetzt nach Auffüllung mit ge-

wöhnlichem Wasser, das ja immer etwas chlorhaltig ist,
eine Trübung, von Chlorsilber herrührend, sich zeigen. Es
würde dies leicht Anlaß zu kleinen Fehlern für die Gold-
bestimmung geben. Das Gold muß nun in Goldglühtiegel
überführt werden. Dies geschieht, indem man auf den bis
oben mit Leitungswasser gefüllten Lösekolben umgekehrt
den Goldglühtiegel stülpt und dann den Kolben mitsamt
dem Tiegelchen um 180 Grad dreht, so daß der Tiegel
jetzt unten ist und in demselben der Kolben zu stehen
kommt. Auf diese Weise fällt nun das Gold durch den
Kolbenhals in den Goldglühtiegel, was bei stark zerfallenem
Gold mindestens 6—8 Minuten dauert. Es empfiehlt sich,
den Kolben während dieser Zeit mehrere Male zu schütteln;
im übrigen kann er samt dem Goldglühtiegel in ein passendes
Gestell aus Holz oder auch an sonst dazu, z. B. an dem
Abzugskasten der Säuredämpfe angebrachten Einrichtungen
während dieser Minuten abgestellt werden.

Befindet sich das Gold vollends im Glühtiegel, so wird
der Kolben behutsam fortgenommen. Man führt dies aus,
indem man das Tiegelchen mit der einen Hand hält, den
Kolben mit der anderen dicht über dem Tiegel am Hals
faßt und nicht zu langsam um 180 Grad dreht. Diese
Arbeit muß derart geschickt ausgeführt werden, daß kein
Wasser über den Tiegelrand überlaufen darf, damit nicht
das bei dieser Handhabung am Boden des Tiegels ge-
legene und nun doch etwas aufgerührte Gold über den Rand
gespült wird. Nachdem man durch leichtes umseitiges
Klopfen des Tiegelchens mit dem Kolben das aufgespülte
Gold möglichst wieder in die untere Spitze des Tiegels sich
hat ansammeln lassen, gießt man das noch im Tiegel befindliche Wasser behutsam ab, indem man an der Ausguß-
seite des Tiegels den Kolben oder auch einen Finger anlegt,
damit das Wasser ruhiger abfließen kann. Natürlich muß
hierbei besonders Obacht gegeben werden, daß nicht etwa
kleine Goldteilchen mit weggespült werden. Darnach wird
der Tiegel zum Trocknen an den Ofen gestellt und dann
etwa 5—6 Minuten vor die geöffnete heiße Muffel, um
darauf in diese hineingestellt zu werden, bis er durchweg
in schwache Rotglut geraten ist. Jetzt wird er heraus

genommen und erkalten gelassen. Darauf wird das Gold mit der Pinzette im Tiegel gelockert und auf die eine Wagschale gebracht, während auf die andere Wagschale das Gold des zu derselben Probe gehörenden andern Tiegels kommt. Das Gold wird miteinander verglichen. Die Differenz darf nur einige Tausendstel betragen, sonst muß die Probe wiederholt werden. Stimmt das Gold, wird es gemeinsam auf eine Wagschale gelegt und ausgewogen. Bei Einwagen von 0,5 g ergibt sich der Feingehalt des Objekts in Tausendteilen direkt aus der Zahl der ausgewogenen Milligramme, bei Einwagen in 1000 Teilen muß die Auswage, welche ja auch nach Tausendteilen erfolgte, durch 2 geteilt werden. Der gefundene Goldgehalt wird zuletzt vom Gehalt an Edelmetall, das sind die vorher gewogenen Körner, abgezogen, und man erhält nun erst den Feingehalt an Silber. Bei geringen Goldgehalten des Materials kann auch hier an dem Silbergehalt ein entsprechender Coupellenzug wie bei einfachen Silberproben hinzugerechnet werden.

Zeigt das Material keinen wesentlichen Silbergehalt, so muß man erst eine Vorprobe anfertigen. Man wiegt einmal 0,5 g = 1000 Tsdt. ein und treibt mit 10 g Blei ab, zuerst etwas kühler, dann aber heißer. Das erhaltene Korn wird gewogen und auf dem Strichstein auf seinen etwaigen Goldgehalt geprüft, und zwar mit Säure Nr. 3. Löst sich der Strich ziemlich leicht, so ist es nur nötig, zu der Vorprobe noch eine Probe, d. h. eine Einwage zu machen und abzutreiben. Das zweite Korn wird auch gewogen und dann werden die Körner geschlagen, evtl. gewalzt, geglüht und in Salpetersäure von 1,2 spez. Gew. gelöst. Zerfällt das Gold zu Staub, so wird wie bei den hochsilberhaltigen Körnern verfahren, d. h. nur in dieser Säure gelöst, zweimal mit heißem destilliertem Wasser ausgeschwenkt, mit gewöhnlichem Wasser in die Goldglühtiegel überführt, getrocknet, geglüht und gewogen. Der so ermittelte Goldgehalt wird wieder von dem Befunde an Gold und Silber, welcher durch die Wägung der abgetriebenen Körner ermittelt wurde, abgezogen, und man erhält den Silbergehalt des Materials.

Da bei den Proben, in welchen das Gold in Staubform, d. h. in fein verteiltem Zustande sich ergibt, sehr leicht kleine mechanische Verluste entstehen können, mithin ein falsches Ergebnis erzielt würde, so kann man, um den Übelstand des Hantierens mit Staubgold zu vermeiden, folgendermaßen verfahren. Man fertigt erst eine Gold- und Silberbestimmung, evtl. nur von einer Einwage an, aus der man ersieht, wieviel Gold und Silber fast genau das Material enthält. Nun macht man zur endgültigen Bestimmung zwei Einwagen und gibt zu jeder so viel absolut reines, vorrätig zu haltendes Feingold in äußerst genauer Abwägung hinzu, daß nun das Verhältnis von schon vorhandenem und zugegebenem Golde zum Silbergehalt wie $1:2\frac{1}{2}$ beträgt. Nun wird in normaler Weise auf der Coupelle abgetrieben, die erhaltenen Körner werden geputzt, auf dem polierten Amboß mit dem polierten Hammer geschlagen zu einem nicht zu dünnen Plättchen, ausgewalzt auf eine Stärke von ca. 0,15 mm (d. h. 30 Nummern mit der Blechleere gemessen), geglüht, zu einem Röllchen gebogen und in heißer Salpetersäure von 1,2 spez. Gew. gelöst. Sind die braunen Dämpfe verschwunden, somit der Löseprozeß beendet, wird diese Säure abgegossen und etwa 3—5 ccm Salpetersäure von 1,3 spez. Gew. aufgegossen, erwärmt und 10 Minuten lang im Kochen erhalten, nachdem man in die Säure ein ausgeglühtes Linsen- oder Erbsenkörnchen gegeben hatte. Das Linsen- oder Erbsenkörnchen wird deswegen hinzugegeben, um ein ruhigeres Kochen der Flüssigkeit zu erzielen und das sogenannte Stoßen zu vermeiden, durch welch letzteres das Gold meist in kleine Stückchen zerrissen wird, was eben vermieden werden soll. Nach dem Kochen wird zweimal mit heißem destilliertem Wasser ausgewaschen, mit gewöhnlichem Wasser in den Goldglühtiegel überführt, getrocknet, geglüht und gewogen. Nun wird zunächst das hinzugegebene Gold abgezogen und somit der Goldgehalt des Materials ermittelt, dann wird dieser vom vorher festgestellten Gold-Silbergehalt abgezogen, um so den Silbergehalt des Probegutes festzustellen.

Ist der Gold- und Silbergehalt des Materials in einem derartigen Verhältnis wie 1 : 2 bis 1 : 4, so zerfällt das Gold nicht zu Staub, und man löst dann in Salpetersäure von 1,2 spez. Gew. nach vorherigem Schlagen, Walzen, Glühen und Rollen der Körner, kocht dann 10 Minuten in Salpetersäure von 1,3 spez. Gew. unter Zugabe eines Linsenkörnchens, spült zweimal mit destilliertem heißen Wasser aus, überführt in den Goldglühtiegel, trocknet, glüht und wägt.

Zeigt sich jedoch der Strich des abgetriebenen Kornes der Vorprobe nach Betupfen mit Strichsäure Nr. 3 als nicht davon gut oder gar nicht angreifbar, so muß man evtl. nach der hell- bis dunklergelben Farbe des Kornes, oder mit Hilfe der Strichnadel feststellen, wieviel das Korn ungefähr Gold hält. Eine Berechnung ergibt dann, wieviel Gold und Silber ungefähr im Material enthalten sind. Nun wird die Hauptprobe ausgeführt, und zwar wird dazu zweimal je 0,5 g = 1000 Tsdt. eingewogen und gleich so viel Feinsilber hinzugegeben, daß davon mit dem schon vorhandenen Silber die 2½fache Menge desselben vom ungefähr ermittelten Goldgehalt im resultierenden Korn enthalten sein soll. Die hier nach dem Abtreiben erhaltenen Körner werden jetzt sofort geschlagen, gewalzt, geglüht, gerollt und in Säure von 1,2 spez. Gew. gelöst, 10 Minuten, wie vorher angegeben, in Salpetersäure von 1,3 spez. Gew. gekocht, zweimal mit destilliertem Wasser ausgeschwenkt, mit gewöhnlichem Wasser in den Glühtiegel überführt, getrocknet, geglüht und gewogen. Das gewogene Korn der Vorprobe zeigte den Gold- und Silbergehalt des Materials an, und davon den jetzt ermittelten Goldgehalt abgezogen, ergibt den Silbergehalt.

4. **Goldproben.** Es sind dies Proben, bei welchen man auf dem Strichstein einen bestimmten Goldgehalt feststellen kann. Man sucht letzteren so genau wie möglich mit Hilfe der Strichprobe zu ermitteln, aber auch gleichzeitig den ungefähren Silbergehalt. Dann werden drei Einwagen zu 0,25 g = 500 Tsdt. gemacht. Bei zwei Abhieben oder zwei Bohrungen einer Planche werden hiervon je eine Einwage und dann eine gemeinsame gemacht. Letztere wird für sich ohne Silberzusatz abgetrieben, während zu den beiden ersteren Einwagen so viel Silber hinzugesetzt wird, daß sich in der Einwage die 2½fache Menge Silber

vom Golde befinden muß. Es ist hierbei das im Material schon befindliche Silber zu berücksichtigen. Man treibt die Proben heißer wie die Silberproben, und zwar derart, daß man die Einwage ohne Silberzusatz hinter die Einwagen mit Silberzusatz stellt, d. h. an einen noch heißeren Teil der Muffel. Die Bleimengen bei Goldproben sind folgende, bei

|  |  |  |  |  |  |
|---|---|---|---|---|---|
| 200— 500 | Tsdt. | Gold | 7 g | Blei |
| 500— 600 | „ | „ | 6 g | „ |
| 600— 700 | „ | „ | 5 g | „ |
| 700— 800 | „ | „ | 4 g | „ |
| 800— 950 | „ | „ | 3 g | „ |
| 950— 990 | „ | „ | 2 g | „ |
| 990—1000 | „ | „ | 1 g | „ |

natürlich immer für eine Einwage von 0,25 g = 500 Tsdt. Ist neben Gold ziemlich Silber vorhanden, so verringert sich dementsprechend die Bleimenge. Die mit Silberzusatz abgetriebenen Körner werden, ohne gewogen zu sein, sofort geputzt, geschlagen, gewalzt, geglüht, gerollt und in heißer Salpetersäure von 1,2 spez. Gew. gelöst, dann 10 Minuten in Salpetersäure von 1,3 spez. Gew. unter Zugabe eines ausgeglühten Linsen- oder Erbsenkornes behufs ruhigeren Kochens gekocht, zweimal mit heißem destillierten Wasser ausgespült, geglüht und gewogen. Letzteres geschieht derart, daß man ein Goldröllchen auf die eine und das andere auf die andere Wagschale legt und vergleicht. Die Differenz darf nur einige Zehntel Tausendteile betragen, widrigenfalls die Probe wiederholt werden muß. Gewogen werden die Goldröllchen zusammen und geben bei Einwagen nach Tausendteilen sofort den Gehalt in Millieme oder Tausendteilen an. Erfolgte die Einwage nach Milligrammen, so muß die Zahl des in Milligrammen ausgewogenen Goldes verdoppelt werden. Das ohne Silberzusatz abgetriebene Korn zeigt den Gold- und Silbergehalt des Materials an. Es wird nach gutem Erkalten behutsam herausgestochen, nicht zu stark gedrückt, geputzt und gewogen. Das gefundene Gewicht wird auf Tausendteile ausgerechnet, hiervon das Gold in Tausendteilen abgezogen, und man erhält jetzt den Silbergehalt des Materials.

Da das Kupfer sich durch den Abtreibprozeß weit schwerer vom Golde als vom Silber trennt, so bleibt trotz des höheren Bleizusatzes beim Abtreiben in den goldhaltigen Körnern leicht ein Rest davon zurück. Man wird dies öfters feststellen können, wenn man die Edelmetallkörner, d. h. die nicht mit besonderem Silberzusatz abgetriebenen, recht stark anhaucht und sofort beobachtet, dann wird man vielfach schwarze Fleckchen oder schwarze Adern auf den Körnern sehen. Dies deutet auf einen Kupfergehalt des Kornes hin und ergibt ein zu hohes Silberausbringen. Es empfiehlt sich dann, ein neues Edelmetallkorn mit noch etwas mehr Blei und vielleicht in noch etwas höherer Temperatur abzutreiben.

Hat man Gold zu untersuchen, welches über 700 Tsdt. fein ist, so muß nach dem einmaligen Kochen in Salpetersäure von 1,3 spez. Gew. noch ein zweites Mal mit Salpetersäure von 1,3 spez. Gew. 10 Minuten gekocht, dann zweimal mit heißem destillierten Wasser ausgespült werden usw.

Das jeweils aus den Feuerproben sich ergebende Gold ist kein absolutes Feingold, sondern enthält immer noch nicht unwesentliche Teile von Silber. Das aus den hoch silberhaltigen Materialien stammende Staubgold hält verhältnismäßig am meisten Silber; aber da ja hier, absolut betrachtet, keine zu große Goldmenge in Frage kommt, spielt der Silberrückhalt auch keine nennenswerte Rolle. Bei dem festgebliebenen Gold, also dem Goldröllchen, ist der Silberrückhalt zwar prozentual zum Golde nicht so hoch — beträgt er doch meist nur 1—2 Tsdt. — aber immerhin würde bei hohem Goldgehalt ein zu hoher, wenn auch nicht allzu bedeutender Mehrfund sich ergeben, wenn nicht andererseits ein kleiner Goldverlust stattgefunden hätte. Letzterer ist vor allem bedingt durch den Coupellenzug, welcher zwar im Silber ein verhältnismäßig viel bedeutenderer ist, denn obgleich ja das Gold zum Silber in den sogenannten Goldproben sich wie etwa 1 : 2½ bis 1 : 3 verhält, so findet sich doch in den Coupellen ein Verhältnis von Gold zum Silber etwa wie 1 : 6. Es ergab z. B. eine genaue Feststellung bei Feingoldproben über Gold, bei dem auf die verschiedensten Weisen und durch diese Feuerprobe ein Gehalt von 1000 Tsdt. festgestellt wurde, folgendes Resultat: Es waren bei diesen Proben zum Abtreiben genau 0,25 g Feingold nebst 0,625 g Feinsilber mit 1 g Blei verwendet worden, und nun fanden sich im Durchschnitt in einer Coupelle 0,10 mg Gold und 0,605 mg Silber als Coupellenzug vor. Der Silberrückhalt betrug für das aus᾽ einer Coupelle stammende Goldröllchen 0,11 mg, so daß sich Coupellenzug an Gold und der Silberrückhalt im Goldröllchen nicht genau ausglichen; es fehlten immer noch 0,01 mg verschwundenes Gold. Hier kommen wir nun auf die zweite, wenn auch erheblich kleinere Verlustquelle des Goldes, nämlich auf eine geringe Verflüchtigung, denn mit dem beim normalen Abtreiben sich stets bildenden Bleirauch wird auch mechanisch eine kleine Menge Gold entführt, natürlich auch Silber. Bei Goldproben ist deshalb darauf zu achten, daß, wenn auch hier das Abtreiben in ziemlich hoher Temperatur vorgenommen werden soll, doch letztere nicht übermäßig gesteigert werden darf und daß ferner das abgetriebene Korn bald nach dem Abblicken erstarren muß, widrigenfalls durch die Verflüchtigung evtl. nennenswerte Verluste entstehen können und somit ein Anlaß zu falschen Bestimmungen gegeben ist.

Bei sonst ziemlich normalem Arbeiten kommt es infolge des Silberrückhaltes daher bei Feingoldproben auch vor, daß die Auswage ein geringes über 1000 ergeben kann. Besonders leicht kommt dies vor, wenn aus Sparsamkeitsgründen mit schon silberhaltigen, also vorher gebrauchten Salpetersäuren gearbeitet wird. Man mache es sich daher zur Regel, bei Feingoldproben, oder überhaupt sehr hochhaltigen Goldproben, nur neue ungebrauchte Säure zu verwenden.

Erwähnt sei noch, daß natürlich durch zu kaltes Abtreiben und einen damit bedingten kleineren Bleirückhalt in den Körnern wegen der schweren Löslichkeit des Bleies in Salpetersäure auch ein zu hoher Befund sich ergeben könnte.

**5. Platinproben.** Ist das Material auf Platin zu untersuchen, so empfiehlt es sich meist, eine Vorprobe anzufertigen, um über den Edelmetallgehalt des Materials einen

annähernden Anhalt zu bekommen. Hat man durch die Strichprobe einen höheren Goldgehalt feststellen können, so kann man darauf fußend sofort zur Hauptprobe schreiten. Ist wenig Platin vorhanden, d. h. erhält man bei der Vorprobe ein glattes, schönes Korn, so kann letzteres sofort zur Gold-, Platin-, Silberbestimmung benutzt werden. Ist das Korn aber rauh und grau, so muß zur Hauptprobe etwa bei zwei Einwagen das Silber ganz genau hinzugewogen werden. Diese Körner werden dann nach dem Abtreiben gewogen, das hinzugegebene Silber wird abgezogen, und man erhält jetzt den annähernden Silber-, Platin-, Goldgehalt des Materials, allerdings etwas zu niedrig wegen des eingetretenen Coupellenzuges besonders im Silber.

Zur Hauptprobe werden vier, evtl. von jeder Bohrung oder jedem Abhieb je zwei Einwagen gemacht, und zwar nach dem Ergebnis der Vorprobe entweder 0,5 g oder 0,25 g, wozu auch gleich der nötige Silberzusatz gegeben wird, so daß vom Gold-Platingehalt die 2—2½ fache Menge Silber vorhanden ist. Zwei dieser Körner, und zwar von jeder Bohrung oder jedem Abhieb je eines, werden getrennt nach dem Schlagen, Walzen, Glühen und Rollen in chem. reine heiße konzentrierte Schwefelsäure von 1,84 spez. Gew. im Lösekölbchen gelöst und in dieser Säure 10 Minuten im Kochen erhalten. Dann läßt man den Kolben abkühlen, was 12—15 Minuten dauert, gießt ab und gibt nochmals konzentrierte Schwefelsäure hinzu und hält wieder 10 Minuten im Kochen, dann läßt man wieder wie oben erkalten, gießt ab, gibt destilliertes Wasser hinzu sowie ein ausgeglühtes Linsenkörnchen, und hält wiederum 10 Minuten im Kochen. Darnach wird abgegossen, zweimal mit heißem destillierten Wasser ausgespült, geglüht und gewogen. Man erhält auf diese Weise den Gold- und Platingehalt zusammen. Die beiden anderen mit Silber abgetriebenen Körner werden einzeln in heißer Salpetersäure von 1,2 spez. Gew. gelöst, ein paar Minuten im Kochen erhalten, dann wird abgegossen, zweimal mit heißem destillierten Wasser ausgespült, geglüht und gewogen. Das erhaltene noch platinhaltige Gold wird in

Bleipapier gegeben und dazu die vom eben ermittelten Gewicht doppelte Menge Silber. Auf einer Coupelle läßt man zusammenlaufen und abblicken. Wie vorher, kommen dann die Körner in Salpetersäure von 1,2 spez. Gew. zum Lösen. War nur wenig Platin vorhanden und hat das Gold nach dem ersten Lösen schon schön gelb ausgesehen, kann man jetzt das Gold fertigmachen, d. h. nach dem Lösen kocht man in Salpetersäure von 1,3 spez. Gew. 10 Minuten unter Zugabe eines Linsenkornes, spült zweimal mit heißem destillierten Wasser usw., glüht und wägt. Ist jedoch mehr Platin vorhanden und sah das Gold nach dem ersten Lösen noch grau aus und nach dem zweiten Lösen auch noch nicht sehr gut gelb, so wird man jetzt auch nur lösen und wie das erstemal das erhaltene Gold nochmals mit der 2—2½fachen Menge Silber auf der Coupelle zusammenbringen. Man nennt diesen Vorgang: man quartiert das Gold mit Silber. Die Körner werden dann wieder geschlagen usw. und dann in Salpetersäure von 1,2 spez. Gew. gelöst. In den allermeisten Fällen kann man jetzt das Gold fertigmachen, d. h. in Salpetersäure von 1,3 spez. Gew. 10 Minuten mit einem Linsenkörnchen kochen, zweimal mit destilliertem Wasser ausspülen usw. Selten, aber doch mitunter kommt es vor, daß man noch einmal oder gar noch zweimal das Gold mit Silber quartieren muß, dann lösen usw. Die beiden letzten Wägungen des Goldes dürfen im Gewicht voneinander nicht zu stark abweichen, etwa nur 3 bis höchstens 5 mg, d. s. 6—10 Tsdt., sonst ist zu befürchten, daß doch noch etwas Platin beim Golde ist, und es wäre erforderlich, noch einmal das Gold mit Silber zu quartieren usw. Mit dem Silber hat sich in der Salpetersäure nach und nach alles Platin weggelöst, denn im legierten Zustande löst sich Platin in Salpetersäure, während es sonst als reines Metall von derselben unangreifbar ist. Wir haben derart nun den reinen Goldgehalt des Materials ermittelt. Wir erhielten also Nr. 1 den Gold-, Silber-, Platingehalt beim Auswiegen des Kornes, Nr. 2 den Platin-Goldgehalt beim Lösen in Schwefelsäure und Nr. 3 den Goldgehalt beim Lösen in Salpetersäure.

Zieht man nun Nr. 3 von Nr. 2 ab, erhält man den Platingehalt und zieht Nr. 2 von Nr. 1 ab, erhält man den Silbergehalt.

Sollte bei einem Material der Platingehalt dem Goldgehalt nahekommen oder ihn gar übersteigen, so gibt man vorteilhaft von vornherein eine ganz bestimmte Menge Feingold zur Einwage, das natürlich bei den späteren Auswägungen wieder berücksichtigt, d. h. in Abzug gebracht werden muß.

Die Platinproben leiden an kleinen Ungenauigkeiten, welche daher rühren, daß beim Lösen der Körner in konzentrierter Schwefelsäure für die Gold-Platinbestimmung auch ein klein wenig Platin in Lösung geht. Dieser Verlust wird aber nun dadurch ausgeglichen, daß in dem Platin-Gold ein Rückhalt von nicht weggelöstem Silber verbleibt. Meistens wird wohl dieser Silberrückhalt den Verlust durch Weglösen des Platins in Schwefelsäure übertreffen, so daß hiernach der Befund an Platin etwas zu hoch ausfallen würde, und da durch das evtl. notwendige öftere Quartieren des Goldes sich auch noch kleine Verluste desselben ergeben, so muß auch hierdurch noch der Platinbefund zuungunsten des Goldes zu hoch ausfallen. Um nun die richtigen Gehalte bei Platinlegierungen möglichst genau feststellen zu können, wird es sich empfehlen, neben der Hauptprobe noch eine Kontrollprobe mit gleichen Mengen Feinplatin, Feingold und Feinsilber auszuführen, welche nach einer Vorprobe des Probegutes ermittelt wurden. Bei einem Vergleich der Befunde der Kontroll- mit der Hauptprobe wird man dann ziemlich sicher den absolut genauen Edelmetallgehalt des zu untersuchenden Materials angeben können.

Die Untersuchung von Feinplatin auf seinen Platingehalt wird derart ausgeführt, daß man davon zweimal je 0,125 g = 250 Tsdt. äußerst genau einwiegt, ebenso 0,300 g = 600 Tsdt. absolut reines Feingold und 0,900 g = 1800 Tsdt. Silber. Ferner wiegt man zur Kontrolle zweimal dieselben Mengen Gold, Silber und Platin ein, welch letztere man auch in absoluter Reinheit vorrätig zu halten hat. Diese Einwagen werden im heißesten Teil der Muffel mit 1 g Blei abgetrieben und einzeln nach Putzen, Schlagen, Walzen, Glühen und Rollen der erhaltenen Körner in konzentrierter Schwefelsäure gelöst, 10 Minuten darin im Kochen erhalten, 12—15 Minuten abkühlen gelassen, die Säure abgegossen, frische konzentrierte Schwefelsäure darauf gegeben, 10 Minuten im Kochen erhalten, abkühlen gelassen, abgegossen, 10 Minuten in destilliertem Wasser gekocht, zweimal mit heißem destillierten Wasser ausgespült, in Glühtiegel überführt, getrocknet und geglüht. Nun werden die beiden Röllchen der Kontrolleinwagen miteinander verglichen. Sie dürfen nur äußerst wenig differieren. Dann werden die Röllchen des Probematerials verglichen, und diese dürfen ebenfalls nur um ein äußerst geringes differieren, widrigenfalls die Probe wiederholt werden muß. Jetzt werden die beiden Röllchen der Kontrolleinwagen auf die eine Wagschale und die beiden andern Röllchen auf die andere Wagschale gelegt und ein etwa vorhandenes, minderes Gewicht der letzteren dem ersteren gegenüber festgestellt. Die Differenz, in Milligrammen ausgewogen, muß natürlich mit 4, in Tausendteile ausgewogen mit 2 multipliziert werden, um den Mindergehalt des Materials in Tausendteilen zu ermitteln.

Sollte die Befürchtung vorliegen, daß das sogenannte Feinplatin einen gewissen Goldgehalt aufweist, müßten entweder zwei neue gleiche Einwagen mit gleichem Zusatz von Feingold und Feinsilber angefertigt werden, oder man kann auch die zur Feinplatinbestimmung erhaltenen Platin-Goldröllchen wieder mit der gehörigen Menge Silber quartieren, getrennt in Salpetersäure lösen und immer wieder quartieren, bis man bei den letzten Wägungen des Goldes gleiche Zahlen erhält. Wenn dieselben 0,300 mg = 600 Tsdt. oder eine Kleinigkeit weniger, veranlaßt durch das öftere ein wenig Goldverlust zeitigende Quartieren, wiegen sollten, ist demgemäß kein Gold im Platin enthalten, während im andern Fall also bei einem größeren Gewicht als dem des zugegebenen Feingoldes, eine leichte Ausrechnung analog wie bei der Platingehaltsbestimmung den Gehalt an Feingold und Platin ergibt.

**6. Palladiumbestimmung.** Ist bei den Proben über platinhaltiges Material die Lösung des Gold-Platin-Silberkornes in Salpetersäure gelblich oder gar rötlich gefärbt, so deutet dies auf einen geringeren oder größeren Palladiumgehalt des Materials hin. Außer im Weißgold kommt es sehr selten vor, daß sich auch Palladium in nicht platinhaltigem Material vorfindet. Die Rotfärbung macht sich auch öfters in der für die Gold-Platinbestimmung dienenden Lösung in Schwefelsäure bemerkbar. Eine für die Technik genügend genaue Bestimmung von Palladium kann man folgendermaßen ausführen. Man verschafft sich, wie zur kolorimetrischen Kupferbestimmung, leidlich genau dimensionierte Glasgefäße und gibt in eines derselben die von Palladium gelb gefärbte Lösung des Gold-, Silber-Platinkornes der Probe in reiner Salpetersäure nebst Waschwasser. Dann treibt man ein Gold-Silberkorn mit ähnlichen Gold-Silbergewichtsverhältnissen ab, wie sie aus dem Probematerial sich ergeben, und gibt vor dem Abtreiben von vorrätig zu haltendem reinen Palladiummetall eine bestimmte, genau abgewogene Menge hinzu, und zwar, wie sich nach kurzer Übung leicht ergibt, so viel, daß nach dem Lösen des hier erzielten Kornes in reiner Salpetersäure annähernd die Intensität der Färbung der vom Lösen des Kornes vom Probematerial stammend erreicht wird. Durch Zugabe bestimmter Mengen Wassers zu der stärkstgefärbten der einen der beiden Lösungen ist es dann möglich, absolut gleiche Intensität der Färbung gleicher Flüssigkeitsmengen zu erhalten. Eine kleine Berechnung wird dann ergeben, wieviel Palladium in dem genau abgemessenen Kubikzentimeter der Lösung des Probematerialkornes im Vergleich zu der gleichen Anzahl Kubikzentimeter der Lösung des Vergleichskornes, bzw. wieviel in dem Probematerial enthalten ist.

Hatte man ein gold-, platin-, silberhaltiges Material zu untersuchen, wo auch Palladium festgestellt und bestimmt wurde, so müssen die in Schwefelsäure erhaltenen Gold-Platinröllchen auch noch auf Palladium untersucht werden. Wenn sich auch ein Teil des Palladiums in Schwefelsäure löst und diese rot färbt, so löst es sich doch durchaus nicht vollständig vom Gold-Platin weg. Es muß also das hier zurückgebliebene Palladium in der oben beschriebenen Weise ebenfalls bestimmt und von dem gewogenen Gold-Platin in Abrechnung gestellt werden.

Die Ausrechnung der einzelnen Gehalte bei Vorhandensein von Gold, Platin, Silber und Palladium ergibt folgende Aufstellung:

1. Das abgetriebene Edelmetallkorn (evtl. mit genau zugewogenem, vorher zugesetztem und nachher abgezogenem Feinsilber) zeigt Gold, Platin, Silber und Palladium an.

2. Die in Schwefelsäure gekochten Körner zeigen Gold und Platin und einen Rest von Palladium an. Dieses Palladium wird kolorimetrisch bestimmt und in Abzug gebracht, so daß wir das Gold und Platin erhalten.

3. Das Gold wird durch Lösen der Körner in Salpetersäure erhalten; natürlich durch eventuelles Wiederquartieren mit Silber und Weglösen usw.

4. Das Gesamtpalladium in oben beschriebener Weise Den Gehalt des Goldes und Palladiums haben wir, und wir finden dann aus 2. nach Abzug von 3. den Platingehalt, und aus 1. nach Abzug vom festgestellten Gold-, Platin- und Palladiumgehalt den Silbergehalt des Probegutes.

**7. Iridiumbestimmung.** Zeigt das von Platinproben stammende Gold, welches beim Lösen in Salpetersäure erhalten wurde, zum Schlusse schwarze Flecken, oder ist es gar durchweg von schwarzen Pünktchen durchsetzt, so deutet dies auf einen geringeren oder größeren Iridiumgehalt des Materials hin. Um hier den genauen Feingoldgehalt und evtl. den Iridumgehalt zu ermitteln, müßte das Iridiumgold mit kaltem Königswasser (1 Teil Salpetersäure von 1,3 spez. Gew. und 3 Teile Salzsäure) behandelt werden. Das Gold löst sich auf, während das Iridium zurückbleibt. Man gießt nach längerem Absitzenlassen des Rückstandes die Goldlösung behutsam ab, ohne vom Satz etwas mit überzugießen, gibt destilliertes Wasser auf das Iridium, läßt absitzen, gießt wieder ab und wiederholt diese Arbeit mindestens sechsmal. Hat man wieder abgegossen, so gibt man Ammoniak (Salmiakgeist) auf den Satz, gießt wieder behutsam ab, gibt jetzt wieder destilliertes Wasser darauf, gießt ab und wiederholt das Zu- und Abgießen mit Wasser mindestens dreimal. Nach dem letzten Abgießen gibt man Spiritus darauf, gießt ab und stellt nun das Iridium an einen warmen Ort zum Trocknen. Ist letzteres erfolgt, wird mit Hilfe eines feinen Pinselchens das meist grau aussehende Iridium auf die Wagschale überführt und gewogen. Dies Gewicht, vom früher festgestellten Gewicht des Iridiumgoldes abgezogen, ergibt den Feingoldgehalt im Probematerial. Ein Abfiltrieren des beim Weglösen des Goldes zurückgebliebenen Iridiums ist nicht anzuraten, da das Iridium vielfach in derart feiner Verteilung vorhanden ist, daß ein Teil davon stets durch das Filter geht. Die abgegossene Goldlösung mitsamt den ersten 5—6 Waschwässern werden auf dem Wasserbade eingedampft bis auf eine ganz kleine Flüssigkeitsmenge, und hierzu wird so viel Eisenchlorürlösung gegeben, daß alles Gold ausgefällt wird, d. h. daß auf weiteren Zusatz der Eisenlösung keine Goldausscheidung mehr erfolgt. Das ausgefällte Gold kann auf ein Filter gebracht und mit chemisch reiner Salzsäure so lange ausgewaschen werden, bis die ablaufende Flüssigkeit keine Spur von Gelbfärbung mehr zeigt. Das Gold wird dann mit Wasser so lange gewaschen, bis das Ablaufende keine Spur sauer mehr ist. Nun kann das Gold mitsamt dem Filter in einen Ansiedescherben gebracht werden, um in dem Probierofen getrocknet und geglüht zu werden, wobei natürlich das Filter vollständig veraschen muß. Dann kann das Gold auch gewogen werden, wodurch man derart den Feingoldgehalt des Materials wiederum feststellen kann.

**8. Aschenproben.** Die Aschenproben werden derart ausgeführt, daß bestimmt abgewogene Mengen der Aschen mit Schmelzpulver und Reduktionsmittel in einem sogenannten Probiertiegel verschmolzen werden. Ein gleichmäßiger Feuchtigkeitsgehalt der Aschen ist durchaus nicht störend, d. h. man kann die nassen Aschen einwiegen usw. Es ist somit nicht nötig, bei der zur Ausführung der Probe zu verwendenden Aschenmenge erst durch Trocknen den Feuchtigkeitsgehalt und aus der trockenen Asche dann den Edelmetallgehalt festzustellen und nun erst wieder auf die ursprüngliche nasse Asche umzurechnen. Man wiegt im allgemeinen ein: 5 g von Polieraschen, Schliff und sonstigen sehr reichen Aschen, 10 g von Vergoldungsrückständen, Exhaustorenaschen, reicherem Wassersatz, Gekrätzboden und dergleichen Aschen, 25 g von Tiegelgekrätz (nicht Graphittiegelkrätz) Bodenkrätz und anderen ärmeren Aschen.

Von den allerreichsten Aschen wie Anodenschlämmen und dgl. wiegt man nur 1—3 g ein. Bei Aschen von 1—10 g Einwage verwendet man 30—35 g Schmelzpulver und Tiegel von 11 cm Höhe; bei 25 g Einwage verwendet man 40—45 g Schmelzpulver und Tiegel von 13,2 cm Höhe. Man gibt zunächst das Schmelzpulver in den Tiegel, darauf die Einwage und hierzu ein Reduktionsmittel. Zu diesem eignet sich am besten pulverisierter roher Weinstein, von dem man in kleine Tiegel etwa 6 g und in größere etwa 8 g gibt. Man kann aber auch pulverisierte Holzkohle ca. 1—1½ g oder Abfallmehl ca. 2—3 g pro Tiegel oder ähnliche Mittel verwenden. Schmelzpulver, Asche und Reduktionsmittel werden mit einem Spatel in dem Tiegel vorsichtig aber recht gut durchgemischt. Dann kommt auf das gut Durchgemischte eines jeden Tiegels noch eine Schicht Deckmittel von 6—8 g derart, daß das Gemisch gut bedeckt ist.

Das Schmelzpulver hat folgende Zusammensetzung: 40 Gewichtsteile kalzinierte Soda, 40 Gewtl. Pottasche, 20 Gewtl. pulverisiertes Glas, 10 Gewtl. Kochsalz und 100 Gewtl. gold- und silberfreie Bleiglätte. Das Deckmittel hat dieselbe Zusammensetzung wie das Schmelzpulver, aber ohne Bleiglätte. Bei nicht zu großen Partien Aschen werden im allgemeinen 3—4 Tiegel und bei größeren Mengen Aschen entsprechend mehr Tiegel zurechtgemacht. Sind die Aschen auch auf Platin zu untersuchen, so macht man mindestens 5—6 und bei größeren Partien noch mehr Einwagen. Die fertigen Tiegel werden nun in den Gas- oder Koksofen gestellt und müssen recht gut durchschmelzen bis sie einen vollständig glatten Fluß zeigen und aus dem Tiegelchen Rauch aufwirbelt. Zeitdauer des Schmelzens ist je nach der Art und den Zugverhältnissen des Ofens, sowie nach der Zusammensetzung des Schmelzgutes ¾ bis

1½ Stunden. Sind die fertig geschmolzenen Tiegel aus dem Ofen genommen, und sind sie soweit abgekühlt, daß man sie an dem oberen Rand anfassen kann, werden sie in Wasser gelegt. Nach 4—5 Minuten können sie aufgeschlagen werden. Die im unteren Teil des Tiegels sich vorfindenden Bleikönige müssen sich leicht herausschlagen lassen und eine glatte Oberfläche aufweisen. Die über dem Bleikönig sich befindliche Schlacke muß glasig aussehen, darf keine Bleikügelchen mehr enthalten und auch an seiner obersten Schicht eine glatte Oberfläche haben. Die Bleikönige werden in entsprechend großen Coupellen abgetrieben. Man rechnet im allgemeinen so, daß eine Coupelle soviel Blei als Bleiglätte zu fassen vermag, als sie selbst wiegt. Die abgetriebenen Körner werden in bekannter Weise weiter verarbeitet, d. h. gewogen, auf ihre Löslichkeit mit Hilfe des Strichsteins und Strichsäure Nr. 3 geprüft, evtl. mit Silber quartiert und dann geschieden, wie dies bei Metallproben angegeben war, je nachdem außer auf Silber noch auf Gold, Platin, Palladium und Iridium untersucht werden soll.

Hat man Graphittiegelgekrätz zu untersuchen, so nimmt man nur 10 g Material Einwage, jedoch verwendet man die größere Menge Schmelzpulver, nämlich 40 bis 45 g pro Tiegel ohne Zusatz von Reduktionsmittel. Hier wirkt der in der Asche enthaltene Graphit auf die Bleiglätte reduzierend, bzw. wirkt letztere zerstörend auf den ersteren; denn würde dies nicht erfolgen, so erhielt man keinen glatten Fluß, vielmehr würde der Graphitgehalt ein durchaus völliges Verschmelzen der eingewogenen Asche verhindern, wobei auch noch der nicht unbedeutende Tonerdegehalt der Asche eine wesentliche Rolle spielt. Gewöhnlich sind die Graphittiegelaschen sehr arm, und um dann doch von mehr Material eine größere Auswage zu erhalten, schmilzt man die doppelte Anzahl der sonst üblichen Tiegel und konzentriert je zwei oder auch drei der Bleikönige, d. h. man bringt die betreffende Zahl der Könige in je einen Ansiedescherben, natürlich ohne weiteren Blei- oder Flußmittelzusatz, und stellt nach genügendem Anwärmen in die Muffel. Hier wird nun in bekannter Weise der größte Teil des Bleies zu Glätte oxydiert, und man erhält einen Bleikönig, welcher das gesamte Edelmetall der eingelegten Könige aus den Schmelztiegeln enthält. Nun wird erst auf einer Coupelle dieser konzentrierte König abgetrieben und weiterverarbeitet.

Hat man Abkratzgold, d. h. von mit echtem Blattgold vergoldeten Gipsgegenständen und dgl., also besonders ziemlich hoch kalkhaltige Aschen zu untersuchen, so muß man, um einen glatten Fluß zu erhalten, zu dem gewöhnlichen Schmelzpulver noch eine größere Menge Glaspulver oder auch etwas feinen Sand, und zwar 10—20 g je nach Größe der Einwage geben.

Überhaupt wird der Probierer zu dem oben angegebenen Schmelzpulver in manchen Fällen noch Zusätze machen müssen, um jeweils eine glatte Lösung des Eingewogenen im Schmelzfluß zu erzielen. So wird man bei edelmetallhaltigen Zinnaschen besonders noch Pottasche, bei tonerdehaltigem Probiergut eine größere Menge des als Deckmittel dienenden Gemisches hinzugeben usw.

Tulaaschen kommen auch gelegentlich zur Untersuchung. Die Tulamasse besteht in der Hauptsache aus Schwefelmetallen, und zwar aus Schwefelkupfer, Schwefelblei und Schwefelsilber mit etwa 150—200 Tsdt. Feinsilber. Man wägt zur Probe für 3—4 Tiegel von der Tulamasse je 2 bis 3 g ein, verwendet 30 g Schmelzpulver usw. und achte beim Aufschlagen der Tiegel darauf, daß etwa die auf dem Bleikönig sich vorfindende spröde Masse am König bleibt und mit auf die Coupelle gebracht wird, denn diese Masse — Stein genannt — hält oftmals kleine Mengen Silber und besteht in der Hauptsache aus Schwefelblei. Auf der Coupelle wird der Schwefel verflüchtigt, und das Abtreiben geht in normaler Weise vor sich.

**9. Badflüssigkeit.** Vergoldungs-, Versilberungs- und Verplatinierungsflüssigkeiten, von galvanischen Bädern herrührend, untersucht man auf ihren Edelmetallgehalt, indem man eine mittels Pipette entnommene bestimmte Menge der Flüssigkeit, und zwar 5—10 ccm, je nach dem größeren oder geringeren Edelmetallgehalt in eine kleine Porzellanschale bringt und hierzu das Schmelzpulver nebst Reduktionsmittel und wenn nötig noch so viel Glaspulver und etwas Soda gibt, daß in der Porzellanschale die Flüssigkeit davon voll aufgenommen wird. Nun bringt man die ganze Masse in den Probetiegel, indem man die letzten Reste aus der Porzellanschale mit Filtrierpapier entfernt und letzteres in den Tiegel gibt. Dann wird geschmolzen, der Bleikönig abgetrieben usw. Man gibt hier den Edelmetallgehalt dann in Gramm pro Liter an.

**10. Abwässer.** In den Bijouteriefabriken usw. werden die Waschwässer von den Händen der Arbeiter, von Tüchern, Aufwaschwässern der Tische und Böden usw. durch eine sogenannte Filtrieranlage geschickt, um die in diesen Wässern suspendiert enthaltenen Edelmetallteilchen zurückzugewinnen. Die Abwässer solcher Filtrieranlagen sollen normalerweise nun natürlich keine oder sehr wenig Edelmetalle mehr enthalten. Um dies festzustellen, werden dann diese Abwässer zur Untersuchung den Probieranstalten übergeben. Hier wird nun eine bestimmte Menge, und zwar möglichst nicht unter 1 Liter in einer sauberen Porzellanschale zur Trockne verdampft und der Rückstand mit einem geeigneten Instrument, etwa einem Messer, behutsam von der Wandung der Schale abgekratzt und in einen Ansiedescherben gegeben, in dem sich etwa 10—12 g gekörntes Probierblei befinden, mit welchem es vorsichtig gemischt wird. Hierauf gibt man noch eine kleine Menge, etwa 5 g solchen Probierbleies und darauf ein klein wenig Borax und Soda. Die Porzellanschale, in der das Abdampfen vorgenommen war, wird noch mit recht wenig feuchtem Filtrierpapier ausgewischt, so daß sie wieder absolut sauber ist. Dieses Papier gibt man dann auch noch auf den Ansiedescherben, stellt letzteren mindestens 10 Minuten vor die Muffel, danach in diese und verfährt weiter in bekannter Weise. Die Gehaltsangaben werden dann in Gramm auf 1000 Liter Wasser gemacht.

**11. Edelmetallsalzproben.** Die Feingehaltsbestimmung in Gold-, Silber- und Platinsalzen wird am vorteilhaftesten derart ausgeführt, daß man bei nicht hygroskopischen Salzen d. h. solchen, die luftbeständig sind, also keine Feuchtigkeit anziehen, wie Goldtripelsalz, Goldchlorid-Chlornatrium,

Silberzyansalzen, Höllenstein, Kaliumplatinchlorür usw. stets eine bestimmte Menge abwiegt, und zwar 0,25 g = 500 Tsdt. oder 0,5 g = 1000 Tsdt., indem man vorher das sonst übliche zum Abwägen benutzte Metallschälchen der Wage mit einem kleinen abzutarierenden Pergamentblattpapierstückchen belegt. Diese Einwage mitsamt dem Papier gibt man in einen kleinen Probiertiegel, der vorher mit 8—10 g Schmelzpulver und etwas Reduktionsmittel beschickt war. Man mischt, und darauf kommt eine kleine Decke des Deckmittels. Es wird jetzt geschmolzen usw. Handelt es sich um Goldsalze, so muß beim Abtreiben des erhaltenen Bleikönigs so viel Feinsilber hinzugesetzt werden, daß im resultierenden Edelmetallkorn davon die 2½ fache Menge vom vorhandenen Gold enthalten ist. Durch eine Vorprobe wird deshalb der annähernde Goldgehalt ermittelt. Sind Platinsalze zu untersuchen, so wird beim Abtreiben eine entsprechende Menge Feingold und Feinsilber zugegeben, und die erhaltenen Körner werden in bekannter Weise in Schwefelsäure gelöst usw.

Hat man aber als Probiermaterial ein hygroskopisches Salz, wie reines Goldchlorid oder Platinchlorid, so muß nach Abtarierung des wie oben auf die Wagschale aufgelegten Pergamentpapiers äußerst schnell eine kleine Menge des zu untersuchenden Salzes, etwa 0,2—0,3 g, aufgelegt und so schnell wie irgend möglich ganz genau abgewogen werden. Dann kommt das Salz mitsamt dem Papier wie oben in den Probiertiegel, wird geschmolzen usw. In diesem Falle hat man also nun mit unbestimmten, wenn auch äußerst genau festgestellten Einwägungen zu tun, und nach dem Auswägen muß in jedem einzelnen Falle durch eine kleine Rechnung der Gehalt auf Tausendteile ermittelt werden.

**12. Erzproben.** Die Erzproben werden in ähnlicher Weise ausgeführt wie die Aschenproben, d. h. sie werden in Probetiegeln mit dem gleichen Flußmittel verschmolzen. Liegen erdige oder quarzige Erze vor, so kann man davon je 25 g direkt mit 45 g Flußmittel, sowie Reduktionsmittel und Deckmittel in einem großen Probiertiegel verarbeiten. Sind indes kiesige Erze zu untersuchen, so wird man erst je 5 g davon im Ansiedescherben gut abrösten und von 3—5 Scherben das Röstprodukt zusammen in je einen Probiertiegel mit den gewöhnlichen Zutaten geben und verschmelzen. Sind in den Erzen jedoch, wie dies in Konzentraten oder dgl. vielfach vorkommt, außer Schwefel noch Arsen, Antimon oder Wismut vorhanden, so sind diese Körper durch Rösten nicht oder nur unvollkommen zu entfernen. Man gibt daher nur aus zwei Scherben die Röstprodukte in einen Probetiegel zum Verschmelzen. Dann muß man aber darauf achten, daß beim Aufschlagen der Tiegel der sich auf dem Bleikönig befindliche Stein, resp. die sogenannte Speise bei diesem König verbleibt. Nun wird solch ein König mit Stein oder Speise erst unter Zugabe von wenig Soda, Pottasche und Borax auf einem Ansiedescherben angesotten, bzw. zwei solcher Bleikönige werden auf einem Scherben konzentriert, und nachher wird das hier übrigbleibende Blei auf der Coupelle abgetrieben.

Da die Erze meist nur äußerst geringe Mengen Edelmetall enthalten, aber die zur Probe verwendete Bleiglätte meist im Verhältnis dazu nicht unwesentlicheMengen Edelmetall, und zwar sowohl Silber wie Gold und Platin enthält[1]), so muß unbedingt hierauf Rücksicht genommen werden, bzw. muß eine entsprechende Richtigstellung erfolgen, um nicht zu falschen, d. h. zu hohen Befunden von Edelmetall in den Erzen zu gelangen. Diese Richtigstellung geschieht dadurch, daß man von dem genau gleichen Schmelzpulver, welches ja sowieso vorher äußerst gut durchgemischt sein mußte, die genau gleichen Mengen in besonderen Probetiegeln, natürlich ohne Zusatz von Erz verschmilzt und in den hier erhaltenen Edelmetallkörnchen die verschiedenen Edelmetalle bestimmt und diese von den Befunden aus den Schmelzungen mit Erz in Abzug bringt. Es genügt nicht, daß man etwa ein für allemal eine Bestimmung der Edelmetalle in der von derselben Firma immer wieder bezogenen Glätte vornimmt, um, hierauf fußend, die erwähnte Richtigstellung vorzunehmen. Es muß vielmehr möglichst bei jeder Erzprobe diese Kontrollprobe der Schmelzmaterialien ausgeführt werden, denn der Edelmetallgehalt der Glätte schwankt naturgemäß nicht unbedeutend.

---

[1]) S. Chem.-Zg. 1915, Nr. 1/2: Michel, Platin usw. in Bleiglätte.

# D. Anhang.

## a) Unedelmetallbestimmungen.

Den Edelmetall-Probierlaboratorien werden sehr häufig Metalle oder Legierungen übergeben, von welchen die Einlieferer einmal den Charakter dieser Objekte kurz bestimmt haben möchten, d. h. festgestellt wissen wollen, was für Metalle oder Metallgemische vorliegen, und darüber auch eine vollständige quantitative Analyse ausgeführt wünschen. Im nachstehenden soll dem einigermaßen Rechnung getragen werden, insofern kurze Anleitungen zur Erkennung und Bestimmung mittels möglichst einfacher Reagenzien und Apparaturen gegeben werden sollen, wobei gleich vorneweg bemerkt werden möge, daß die Bestimmungsmethoden bzw. Trennungen einiger Metalle nicht den höchst wissenschaftlichen Erfahrungen usw. entsprechen, doch aber für die Technik in den allermeisten Fällen vollauf genügend gute Resultate liefern, natürlich sofern mit genügender Pünktlichkeit die betreffenden Arbeiten ausgeführt werden.

Die in der Edelmetallindustrie verwendeten Legierungen halten neben den Edelmetallen die verschiedenartigsten Unedelmetalle, wie Kupfer, Zink, Nickel, Kadmium, Zinn, selten Blei, Kobalt, Aluminum und Eisen, je nachdem sie für Lot, Härtungen, bestimmte Färbungen usw. dienen sollen. Außerdem werden natürlich auch Unedelmetalle und deren Legierungen in großen Mengen verwendet, die erst nachträglich einem Veredlungsverfahren unterworfen werden, wie z. B. die Unterlagen von Doublé und die Rohfabrikate der Alpakkafabrikation. Zur Erkennung und Feststellung der ungefähren Mengenverhältnisse dieser Unedelmetalle soll die folgende Anleitung dienen.

Zunächst mögen einige charakteristische Eigenschaften dieser Metalle angegeben werden, wodurch sie in reinem Zustande leicht voneinander unterschieden werden können. Ferner soll jeweils die Methode zur Bestimmung des einzelnen Metalles angegeben werden.

**1. Kupfer** löst sich nicht in Salzsäure oder Schwefelsäure. Ist letztere jedoch konzentriert und wird erhitzt, so wird es unter Entwicklung von schwefliger Säure gelöst.

Sehr leicht löst es sich in Salpetersäure zu einer blaugrünen Flüssigkeit. Die Kupferlösungen mit Ammoniak im Überschuß versetzt, färben sich tief dunkelblau.

Die Abscheidung des Kupfers aus seinen Lösungen bzw. die Trennung von andern Metallen geschieht entweder mittels des elektrischen Stromes oder mittels unterphosphorigsaurem Natron (Natrium hypophosphorosum = Natriumhypophosphit).

Die Abscheidung mittels des elektrischen Stromes kann sowohl aus salpetersaurer, besser aber aus schwefelsaurer Lösung erfolgen. Salzsäure darf nicht im geringsten vorhanden sein. War durch Herstellung der Lösung mittels Königswasser (Salz- und Salpetersäure), oder durch vorheriges Ausfällen etwa vorhandenen Silbers aus salpetersaurer Lösung mittels Salzsäure doch Chlor in die Lösung gekommen, so ist es das sicherste, diese mit reiner konzentrierter Schwefelsäure in einigem aber nicht zu großem Überschuß so weit einzudampfen, bis weiße Schwefelsäuredämpfe entweichen. Es wird vorsichtig mit destilliertem Wasser aufgenommen und in ein Becherglas gebracht, in welches eine Netzelektrode aus Platin, an die negative Leitung eines elektrischen Stromkreises angeschlossen, eintaucht, sowie ein Platinblech in entsprechender Form, welches an die positive Leitung angeschlossen ist. Ist eine Platinschale vorhanden, so kann auch die Kupferlösung in diese gegeben werden, und die Schale wird dann mit der negativen Leitung in Verbindung gebracht. Als Anode dient eine an einem starken Platindraht befestigte runde Platinscheibe. Den elektrischen Strom liefern etwa 3 hintereinandergeschaltete Meidingerelemente oder 2 Elemente einer Tauchbatterie[1]). Ferner kann man Akkumulatoren verwenden oder auch den Strom einer Lichtleitung, wobei ein Widerstand von 4—6 Lampen vorgeschaltet werden muß, damit die Stromspannung auf das genügende Maß heruntergedrückt werden kann. Letztere Maßnahme bedeutet allerdings eine große Stromvergeudung, da ja nur ein kleiner Bruchteil des Stromes für die eigentliche Ar-

---

[1]) Siehe Michel, Metallniederschläge, Seite 14 ff. Berlin: Julius Springer 1927,

beitsleistung in Frage kommt. Man wird hierzu nur in Ausnahmefällen greifen oder nur für kurze Zeit, nicht aber für ständige Arbeit. Die Spannung bei der Kupferabscheidung soll nur 2—3 Volt betragen. Es ist sehr vorteilhaft, wenn die schwefelsaure Kupferlösung auf eine Temperatur von ca. 60—70 C⁰ gehalten werden kann. Da man die Einwage des zu untersuchenden Materials meist derart einrichtet, daß darin 0,2—0,3 g Kupfer enthalten sind, so wird man beim Elektrolysieren der diese Kupfermenge enthaltenen Flüssigkeit eine Zeit von 2—3 Stunden zur völligen Ausfällung des Kupfers benötigen. Den Endpunkt der Ausfällung erkennt man folgendermaßen. Man taucht ein blankgescheuertes Stahlstückchen, etwa die Spitze eines auf feinem Sandpapier abgeriebenen Taschenmessers in die Flüssigkeit und sieht zu, ob nach etwa einer halben Minute sich ein rötlicher Anflug am Eisen zeigt. Wenn von letzterem nichts zu bemerken ist, so ist die Ausfällung beendet. Bei nicht unterbrochenem Strom wird nun der Kupferüberzug, der sehr schön hellrot aussehen muß, zunächst mit viel destilliertem Wasser und dann mit Alkohol gut abgespült und am mäßig warmen Ort schnell getrocknet. Ist letzteres gut erfolgt, so wird das natürlich schon vorher genau gewogene Platingerät mitsamt dem Kupfer gewogen. Die Zunahme ergibt den genauen Kupfergehalt, natürlich auf die Einwage umgerechnet. Durch verdünnte Salpetersäure kann dann nachher das Kupfer wieder abgelöst werden.

Die Abscheidung des Kupfers aus seinen Lösungen mittels Natriumhypophosphit erfolgt nur aus schwefelsaurer Lösung. Hat man etwa salz- oder salpetersaure Lösungen, so müssen daher dieselben, wie vorstehend angegeben, mit Schwefelsäure abgedampft werden. Danach wird die Kupferlösung in einem geräumigen Becherglase, das mit einem Uhrglase zugedeckt wird, zum Kochen erhitzt und das unterphosphorige Natrium hinzugegeben. Es findet eine Abscheidung des Kupfers statt und bei 10 Minuten langem Kochen ballt es sich gut zusammen. Es wird dann schnell auf ein aschefreies Filter gebracht und recht schnell mit destilliertem Wasser ausgewaschen. Nach dem Trocknen des Filters wird es auf einen Ansiedescherben gelegt und

im vordersten Teil der Muffel verbrannt, wobei das Kupfer
schwach geglüht wird und sich in Oxyd umwandelt. Nach
dem Erkalten wird es gewogen und das Gewicht mit 0,7988
multipliziert, wodurch man den Feinkupfergehalt erhält.

Sind in der Lösung noch andere Metalle enthalten, so
müssen die abfiltrierten bzw. abgegossenen Flüssigkeiten
und sonstigen Waschwässer gesammelt und meist erst etwas
eingedampft werden, um dann für die weitere Bestimmung
anderer Körper dienen zu können.

**2. Zink** löst sich leicht in Salz-, Schwefel- und Salpetersäure zu wasserheller Flüssigkeit. Setzt man dazu vorsichtig Ammoniak, so erfolgt nach Abstumpfung der freien
Säure ein weißer Niederschlag, der sich bei weiterem Zusatz von Ammoniak wieder vollständig auflöst. Setzt man
jetzt hierzu einen Tropfen Schwefelammonium oder Kaliumhydrosulfid, so fällt ein flockiger weißer Niederschlag von
Schwefelzink aus.

Die Bestimmung des Zinks erfolgt derart, daß man die
das Zink enthaltene saure Lösung mit Natronlauge fast
vollständig neutralisiert und dann tropfenweise kohlensaure
Natron-(Soda)Lösung hinzufügt, wodurch alles Zink ausgefällt wird. Es ist notwendig, daß die Zinklösung zum
Kochen erhitzt war und nach dem Fällen noch ein wenig
gekocht wird. Man läßt den weißen, flockigen Niederschlag
gut absitzen, gießt die überstehende klare Flüssigkeit ab,
setzt kochendheißes Wasser zum Niederschlag zu, rührt um
und läßt wieder absitzen, wiederholt dieses Verfahren noch
dreimal und filtriert zunächst die abgegossenen Flüssigkeiten,
bringt dann den Niederschlag auf das gleiche Filter und
wäscht gut mit heißem destillierten Wasser aus. Das Filter
mit dem Niederschlag wird getrocknet, der Niederschlag
so weit wie möglich vom Filter entfernt, vorläufig auf einem
Uhrglas aufbewahrt, das Filter mit konzentrierter salpetersaurer Ammonlösung getränkt, auf einen Ansiedescherben
gelegt, unter die warme Muffel gestellt, bis es wieder ganz
trocken ist und nun vorsichtig vor die heiße Muffel und
dann vorn in dieselbe hinein gestellt. Jetzt soll das Filter
langsam verglimmen und verbrennen. Ist letzteres erfolgt,
wird der Zinkniederschlag hinzugegeben und tüchtig im

heißeren Teil der Muffel geglüht. Es entsteht reines Zinkoxyd, das in der Hitze gelb und in der Kälte rein weiß sein muß. Nach dem Erkalten wird gewogen und das Gewicht mit 0,8026 multipliziert, um derart das Gewicht des metallischen Zinks zu erhalten.

**3. Kadmium** löst sich sehr wenig in verdünnter Schwefelsäure, schwierig in Salzsäure, aber sehr leicht in Salpetersäure. Aus der nicht zu übermäßig sauren oder aus der ammoniakalischen Lösung fällt Schwefelammonium oder Kaliumhydrosulfid zum Unterschied von Zink gelbes Schwefelkadmium.

Die Bestimmung des Kadmiums wird in gleicher Weise vorgenommen, wie dies beim Zink angegeben war. Der Niederschlag des kohlensauren Kadmiums ist auch weiß, doch wird er beim Glühen in rotbraunes Kadmiumoxyd überführt. Das Gewicht des letzteren mit 0,875 multipliziert ergibt das metallische Kadmium.

**4. Zinn** löst sich in erwärmter Salzsäure, schwierig in heißer konzentrierter Schwefelsäure. Wird es in Salpetersäure erwärmt, so wandelt es sich in Zinnsäure um, die als weißes Pulver ungelöst in der Flüssigkeit sich zeigt.

Die Bestimmung des Zinns in Legierungen erfolgt derart, daß diese in Salpetersäure von 1,3 spez. Gew. gelöst wird, wobei das Zinn als weißes Pulver zurückbleibt. Lösung samt Rückstand werden in einer Porzellanschale bis fast zur Trockne verdampft; dann wird mit Wasser aufgenommen und der rein weiße Rückstand abfiltriert. Das mit dem Rückstand gut getrocknete Filter wird in einen Ansiedescherben gelegt und im vorderen Teil der Muffel langsam verascht. Die Masse wird mit einem Tropfen Salpetersäure befeuchtet, getrocknet und dann im sehr heißen Teil der Muffel stark geglüht. Das Gewicht des so erhaltenen Zinnoxyds wird mit 0,7867 multipliziert, um das metallische Zinn feststellen zu können.

**5. Blei** löst sich in verdünnter Salpetersäure, äußerst wenig in heißer Salzsäure, nicht in Schwefelsäure. Aus der salpetersauren Lösung fällt in der Kälte Salzsäure ein weißes Pulver aus, wenn die Lösung nicht zu verdünnt ist. Erwärmt man die Lösung mit dem Pulver, so löst sich letzteres wieder vollständig auf, fällt dann aber wieder beim Erkalten aus. Gibt man zu der salpetersauren Bleilösung Schwefelsäure hinzu, so fällt diese auch ein schweres weißes Pulver, welches sich aber beim Erwärmen nicht auflöst.

Die Bestimmung des Bleies wird derart ausgeführt, daß man es aus seiner Lösung mit Schwefelsäure ausfällt. Ist viel freie Salzsäure oder Salpetersäure vorhanden, so ist es vorteilhaft, die mit Schwefelsäure in geringem Überschuß versetzte Bleilösung im Wasserbade einzudampfen, dann mit Wasser zu verdünnen und nun den Niederschlag von schwefelsaurem Blei abzufiltrieren. Zum Auswaschen verwendet man ein wenig schwefelsäurehaltiges Wasser, das nur zum Schluß durch reines Wasser erstzt wird. Das getrocknete Filter wird mitsamt dem Niederschlag auf einem Scherben vorsichtig verascht, mit einem Tropfen Salpetersäure und dann mit einem Tropfen Schwefelsäure befeuchtet, behutsam erst vor der Muffel getrocknet und nun schwach geglüht. Das Gewicht des schwefelsauren Bleies wird mit 0,6831 multipliziert, um das metallische Blei festzustellen.

**6. Aluminium** löst sich leicht in Salzsäure, äußerst wenig in Salpetersäure, sowie ein wenig in Schwefelsäure. Ferner löst es sich leicht in Kali- und Natronlauge. Aus der salzsauren Lösung fällt Ammoniak das Aluminium als Tonerdehydrat in Form eines gelatinösen Niederschlages aus.

Die Bestimmung des Aluminiums erfolgt derart, daß man die Lösung desselben zunächst mit Salmiak (Chlorammonium) versetzt und dann mit so viel Ammoniak, bis die völlige Ausfällung erfolgt ist. Man kocht die Flüssigkeit dann so lange, bis sie nur noch schwach nach Ammoniak riecht. Jetzt wird der Niederschlag absitzen gelassen, die überstehende Flüssigkeit abgegossen, mit heißem Wasser wieder frisch versetzt und dies vier- bis fünfmal wiederholt. Nun werden erst die abgegossenen Flüssigkeiten filtriert und dann wird erst der Tonderniederschlag auf das Filter gebracht und mehrmals mit heißem Wasser ausgewaschen. Das getrocknete Filter wird mitsamt dem Niederschlag auf einen Ansiedescherben gegeben, verascht und in den heißesten Teil der Muffel gegeben, wo man nicht unter einer

Viertelstunde in kräftigster Glühtemperatur beläßt. Das Gewicht der Tonerde wird mit 0,533 multipliziert, um das metallische Aluminium zu erhalten.

**7. Eisen, Nickel und Kobalt** können leicht von allen andern Weißmetallen unterschieden werden, wenn man sie mit einem Magneten in Berührung bringt, denn diese drei Metalle bleiben am Magneten hängen oder werden von ihm angezogen, und zwar am stärksten das Eisen. Alle drei Metalle lösen sich leicht in Salpetersäure. In Salzsäure und verdünnter Schwefelsäure ist Eisen ebenfalls gut löslich, nicht in konzentrierter Schwefelsäure, während Nickel und Kobalt nur sehr schwierig oder fast gar nicht von Salz- und Schwefelsäure angegriffen werden. Die Eisenoxydlösung ist rötlichgelb gefärbt, die Nickellösung grün und die Kobaltlösung blaßrot. Versetzt man die salpetersauren Lösungen der drei einzelnen Metalle mit Ammoniak im Überschuß, so zeigt sich in der Eisenlösung ein voluminöser dicker Niederschlag von roten Flocken, die Nickellösung bleibt klar, aber färbt sich bläulich, und die Kobaltlösung geht in Fahlrot über und bleibt auch klar.

War das Eisen in Salzsäure oder verdünnter Schwefelsäure gelöst, so ist diese Lösung ein Oxydulsalz. Es sind diese Lösungen hellgrün gefärbt, und werden sie mit Ammoniak versetzt, so scheidet sich ein mißfarbiger grünbrauner Niederschlag ab.

Zur Bestimmung des Eisens wird man immer die Eisenlösung zunächst mit ein wenig Salpetersäure erwärmen, falls die Lösung das Eisen nicht als reines Oxyd hält. Dann wird so viel Ammoniak in der Hitze hinzugegeben, bis das Eisen vollständig ausgefällt ist. Der Niederschlag wird absitzen gelassen, die überstehende Flüssigkeit abgegossen und durch kochendheißes Wasser ersetzt. So wird noch viermal fortgefahren, und erst werden alle Wässer, sowie darauf der Niederschlag auf dasselbe Filter gebracht. Mit heißem Wasser wird noch mehrere Male der Niederschlag ausgewaschen, worauf getrocknet, stark geglüht und gewogen wird. Das Gewicht muß mit 0,7 multipliziert werden, um das metallische Eisen festzustellen.

Zur Bestimmung des Nickels bedient man sich entweder des elektrischen Stromes oder man fällt es als Oxydulhydrat aus und wandelt es durch Glühen in Nickeloxydul um.

Hat man die Einrichtung zur elektrolytischen Kupferbestimmung, so ist diese ebenfalls für die Nickelbestimmung gut zu verwenden. Die keine weiteren andern Metalle enthaltene Nickellösung wird mit so viel Ammoniak versetzt, daß die Lösung alkalisch ist und ein etwa sich zeigender grünlicher Niederschlag im kleinen Überschuß des Ammoniaks vollständig aufgelöst wurde. Dann werden die Platinelektroden (siehe elektrolytische Kupferbestimmung), die in Verbindung mit dem Strom stehen, in die Lösung getaucht, und die Abscheidung des Nickels findet an der negativen Zuleitung statt. Es genügt hier ein gleicher oder ein wenig höher gespannter Strom, wie bei der Kupferabscheidung. Ein Erwärmen der Lösung ist nicht gerade notwendig, doch soll die Temperatur auch nicht unter 20° C kommen. Zur Prüfung, ob alles Nickel ausgefallen ist, bringt man einen Tropfen der Lösung auf eine weiße Porzellanplatte und dicht daneben einen Tropfen Schwefelammonium. Beim Zusammenlaufen der beiden Tropfen beobachtet man dann, ob sich eine Braun- bis Schwarzfärbung bemerkbar macht. Ist letzteres nicht mehr der Fall, so ist die Ausfällung beendet. Das mit dem Nickelniederschlag versehene Platingerät wird gut mit Wasser abgespült, vorsichtig aber gut getrocknet und gewogen. Die Zunahme des natürlich vor dem Einhängen schon gewogenen Platins gibt sofort die genaue Nickelmenge an, welche in der Einwage vorhanden ist. Mit verdünnter Salpetersäure wird das Nickel wieder von dem Platin entfernt.

Kann übrigens die Nickellösung während des Elektrolysierens auf eine Temperatur von 60—70° C gehalten werden, geht die Abscheidung erheblich schneller vor sich.

Zur Bestimmung des Nickels als Oxydul wird es aus seinen Lösungen durch Zugabe von Ätznatronlauge bis zur gut alkalischen Reaktion ausgefällt. Die Lösung muß kochendheiß sein. Es fällt ein flockiger, apfelgrüner Niederschlag aus, welcher absitzen gelassen wird. Die überstehende Flüssigkeit wird abgegossen, wieder durch kochendheißes

Wasser ersetzt und so fährt man noch viermal fort. Dann werden erst die abgegossenen Wasser filtriert und zum Schluß wird der Niederschlag auf das gleiche Filter gebracht und noch ca. sechsmal mit heißem Wasser ausgewaschen. Dann wird das Filter getrocknet, verascht und sehr stark geglüht und gewogen. Das Gewicht wird mit 0,7867 multipliziert, und man erhält das Gewicht des metallischen Nickels.

## b) Trennung der Metalle.

Zur Feststellung und Bestimmung der einzelnen Metalle in Legierungen ist es natürlich, daß jedes derselben für sich abgeschieden und entweder dadurch oder durch weitere Maßnahmen in die für den bestimmten Zweck erforderliche Verbindung usw. übergeführt wird.

Das Vorhandensein und die Menge von Edelmetallen wird durch die Feuerprobe ermittelt. Sollen dann neben den Edelmetallen auch die vorhandenen Unedelmetalle bestimmt werden, so wird der Gang der Untersuchung von der Art und Menge der vorhandenen Edelmetalle zunächst abhängen.

Liegt ein goldhaltiges Material vor mit 333 Tsdt. oder weniger Gold, so wird das gut ausgeplattete oder bei Sprödigkeit in einem Diamantmörser zerkleinerte Material in Salpetersäure von 1,25 spez. Gew. erwärmt, wodurch bis auf das Gold sämtliche Begleitmetalle gelöst werden. Bei Anwesenheit von Zinn macht sich dies allerdings durch die Bildung von sogenanntem Cassiusschen Purpur bemerkbar, wodurch die Untersuchung derart erschwert wird, daß sie aus dem Rahmen eines einfachen Laboratoriums fällt und die Ausführung der Untersuchung einem analytischen Laboratorium übergeben werden muß. Ist jedoch das Gold innerhalb der Lösung als dunkelbraunes Pulver oder auch zusammenhängende Masse zurückgeblieben, so kann die Lösung abgegossen und dreimal mit nicht zu viel heißem destillierten Wasser ausgespült und dieses zur ersten Lösung gegeben werden. Das Gold kann zur Bestimmung des Feingehaltes in der ursprünglichen Legierung in bekannter Weise verwendet werden. Die Lösung mitsamt dem Spülwasser wird zum Kochen erhitzt und tropfenweise unter beständigem, vorsichtigem Umrühren mit chemisch reiner

Salzsäure so lange versetzt, als sich noch ein Niederschlag von Chlorsilber bildet. Nach weiterem tüchtigen Umrühren läßt man in der Hitze absitzen und filtriert den Silberniederschlag ab und wäscht ihn mit destilliertem heißem Wasser gut aus. In dem Filtrat sind nun die vorhandenen Unedelmetalle enthalten und werden nach der weiter angegebenen Weise bestimmt.

Liegt goldhaltiges Material vor mit über 333 Tsdt. Gold, so muß eine bestimmte Menge davon mit soviel Feinsilber zusammengeschmolzen werden, daß in der neu zu bildenden Legierung nicht mehr als 333 Tsdt. Gold vorhanden sind. Jetzt kann, wie im vorstehenden angegeben, mit Salpetersäure gelöst werden usw. Selbstverständlich ist darauf zu achten, daß das verwendete Feinsilber absolut rein ist und beim Zusammenschmelzen keine Oxydation oder sonstwie ein Verlust (etwa durch Verdampfen von Zink oder Kadmium bei Lot) an Unedelmetallen entsteht.

Beim Vorhandensein von Platin darf die Gesamtmenge von Gold und Platin nicht 300 Tsdt. übersteigen, sonst muß ebenfalls das Material mit Silber zur weiteren Verarbeitung, d. h. Lösung, zusammengeschmolzen werden. Da sich nun hier ein beträchtlicher Teil des Platins in Legierung mit den andern Metallen in Salpetersäure löst, so muß es aus der vom Chlorsilber abfiltrierten Flüssigkeit erst entfernt werden, um die vorhandenen Unedelmetalle für sich abgeschieden zu erhalten. Zu diesem Zweck wird im Wasserbade unter Zugabe von etwas chemisch reiner Salzsäure die Lösung bis auf ein kleines Quantum eingedampft, mit 80% Alkohol übergossen und mit so viel konzentrierter Chlorammoniumlösung versetzt, wie noch ein Niederschlag erfolgt. Es scheidet sich gelbes Ammoniumplatinchlorid aus, welches durch ein kleines Filter abfiltriert und mit 80% Alkohol ausgewaschen wird.

Sollte Blei vorhanden sein, so muß dieses vor Ausfällung des Platins abgeschieden werden. Die fast zur Trockne einzudampfende Flüssigkeit wird mit reiner Schwefelsäure versetzt, wodurch das Blei ausfällt und beim Verdünnen der nicht ganz eingedampften Flüssigkeit als schweres weißes Pulver, d. i. schwefelsaures Bleioxyd, zurückbleibt.

Es wird auf ein möglichst kleines Filter abfiltriert, mit wenig schwefelsäurehaltigem Wasser ausgewaschen und kann, wie oben angegeben, bestimmt werden. Das Filtrat wird dann auf Platin weiter verarbeitet.

Die nach Abfiltrieren des Platins erhaltene Flüssigkeit enthält nun die anderen Unedelmetalle. Ist Gold und Platin nicht vorhanden, so wird die zu untersuchende Legierung in Salpetersäure von 1,25 spez. Gew. gelöst. Ist hier Zinn vorhanden, so bleibt dies als in der Flüssigkeit suspendierter weißer Rückstand zurück. In diesem Falle wird recht lange mit der Salpetersäure erwärmt, damit sich ja alles Zinn in das unlösliche Zinnsalz umwandelt. Dann wird im Wasserbade die ganze Masse zur Trockne verdampft und mit ein wenig salpetersäurehaltigem Wasser aufgenommen. Der Rückstand wird abfiltriert und wie unter Zinn angegeben weiter behandelt.

Ist durch die Feuerprobe oder durch eine Vorprobe auf nassem Wege ein Silbergehalt festgestellt worden, so wird jetzt das Filtrat zum Kochen erhitzt und das Silber mit der nur nötigen Menge reiner Salzsäure ausgefällt. War kein Zinn vorhanden, aber Silber festgestellt worden, so wird mit der salpetersauren Lösung der Legierung direkt so verfahren.

Jetzt können in der Lösung noch Blei, Aluminium, Kupfer, Kadmium, Zink, Nickel und Eisen vorhanden sein. Die Lösung wird nun mit Schwefelsäure versetzt und eingedampft, bis weiße Dämpfe von Schwefelsäureanhydrid entweichen. Nach dem Erkalten wird vorsichtig mit Wasser aufgenommen, und ist Blei vorhanden, bleibt dieses als weißes Pulver zurück, wird abfiltriert usw. Aus dem Filtrat davon oder der klaren Lösung der eingedampften Metalllösung wird nun das Kupfer entweder mittels des elektrischen Stromes oder mit Natriumhypophosphit ausgefällt und in angegebener Weise bestimmt.

In der vom Kupfer befreiten Flüssigkeit wird nach Zusatz von Chlorammoniumlösung mittels Ammoniak im Überschuß das Eisen und Aluminium zusammen ausgefällt. Ist kein Eisen vorhanden, so ist der Niederschlag eine gelatinöse weiße Masse. Ist der Niederschlag rot gefärbt, kann neben Eisen auch noch Aluminium vorhanden sein. Soll auf letzteres neben dem ersteren untersucht werden, so wird der oftmals dekantierte Niederschlag (d. h. nachdem mehrfach die über dem abgesetzten Niederschlag stehende Flüssigkeit abgegossen und durch heißes Wasser ersetzt war) aufs Filter gebracht und gut ausgewaschen. Dann wird das nasse Filter in ein Becherglas gegeben und gerade so viel verdünnte, warme Salzsäure hinzugefügt, bis der Niederschlag sich völlig gelöst hat. Von den Filterresten wird die gelbliche Flüssigkeit abfiltriert in eine Porzellanschale hinein und so viel absolut reine Kalilauge (vor allem tonerdefrei) hinzugefügt, bis eine stark alkalische Flüssigkeit entstanden und das Eisen völlig ausgefällt ist. Letzteres wird mehrfach dekantiert mit heißem Wasser, schließlich auf ein Filter gebracht usw. und zum Schluß gewogen. Das Filtrat wird in einer Porzellanschale eingedampft bis auf 10—20 cm$^3$ und dann mit Chlorammonium und so viel Ammoniak versetzt, als sich noch Tonerdehydrat ausscheidet. Letztere wird dann auch wieder mehrfach dekantiert und zum Schluß als Tonerde gewogen.

In dem Filtrat des Eisen-Aluminiumniederschlages ist von den bekannten Metallen jetzt noch Kadmium, Zink und Nickel vorhanden. Es wird nun die eingedampfte Lösung mit Salzsäure versetzt, bis eine gute saure Reaktion festgestellt wird. Man fügt tropfenweise eine starke Lösung von Kaliumhydrosulfid (HKS) hinzu, wodurch gelbliches Schwefelkadmium ausgefällt wird. Es wird darauf aufmerksam gemacht, daß die Lösung nicht zu stark sauer sein darf, da sonst das Schwefelkadmium entweder gar nicht ausfällt oder sofort wieder gelöst wird. Sollte etwa nur eine milchig weiße Trübung entstehen, so rührt diese von ausgeschiedenem Schwefel her, und somit dürfte kein Kadmium vorhanden sein. Das ausgefällte Schwefelkadmium wird abfiltriert und mit reinem Wasser ausgewaschen. Das noch feuchte Kadmium wird dann auf dem Filter mit starker Salzsäure übergossen, wodurch es völlig gelöst werden muß. Das Filter wird wieder mit Wasser gut ausgewaschen, und diese Kadmiumlösung wird unter Zusatz von etwas Salpetersäure eine Weile gekocht, um den vorhandenen Schwefelwasserstoff zu zerstören bzw. zu entfernen. Darauf wird mit Natronlauge fast völlig neutralisiert und durch tropfenweisen Zusatz von kohlensaurem Natron das Kadmium ausgefällt, dekantiert, filtriert und mit den beim Bestimmen des Zinks angegebenen Vorsichtsmaßregeln geglüht und gewogen.

Die vom Kadmium abfiltrierte Flüssigkeit wird eingedampft und mit Salzsäure ein Weilchen gekocht, um das noch vorhandene Kaliumhydrosulfid vollends zu zerstören. Nun wird mit Ammoniak bis zur alkalischen Reaktion und dann mit Dizyandiamidinsulfat versetzt und erwärmt. Nun setzt man Natronlauge hinzu, bis die Flüssigkeit sich braun färbt und das Nickel zur Abscheidung gelangt. Es setzt sich ein brauner flockiger Niederschlag ab, der einige Male mit Wasser dekantiert, dann abfiltriert, ausgewaschen, getrocknet und geglüht wird. Die gründunkle Masse wird nun in ein paar. Tropfen Königswasser gelöst, und daraus kann nun das Nickel elektrolytisch oder mittels Ätznatron wie weiter oben angegeben abgeschieden und bestimmt werden.

Das Filtrat des mittels Dizyandiamidinsulfat ausgefällten Nickels wird mit Kaliumhydrosulfid versetzt, wodurch aus dieser alkalischen Lösung alles Zink als Schwefelzink ausfällt. Da letzteres die unangenehme Eigenschaft besitzt, daß es beim Filtrieren sehr leicht durch das Filter läuft, so läßt man den Schwefelzinkniederschlag am besten zweimal 24 Stunden in mäßiger Hitze absitzen, wodurch es meist gut gelingt, es auf einem Filter festzuhalten. Ist letzteres erfolgt und das Filter mit reinem Wasser ausgewaschen, so löst man den Zinkniederschlag vom Filter mit wenig Salzsäure weg, kocht die Zinklösung ein Weilchen und fällt wie oben angegeben mit kohlensaurem Natron, dekantiert, filtriert, wäscht aus, trocknet, glüht und wägt in erwähnter Weise.

In den seltensten Fällen werden die sämtlich angeführten Trennungen der erwähnten Unedelmetalle nacheinander vorzunehmen sein, da nur höchst ausnahmsweise Legierungen mit den Gehalten so vieler Metalle zu untersuchen sind; vielmehr handelt es sich meist nur um Bestimmungen der einzelnen Metalle in technisch verwendeten Legierungen.

Diesem Rechnung tragend, sollen eine Anzahl derselben angeführt und die einfachsten Trennungs- bzw. Bestimmungsmethoden angegeben werden.

Vorhandene Edelmetalle werden jeweils mittels Feuerprobe bestimmt. Eine Ausnahme hiervon bildet der Fall, wenn neben sehr viel Gold nur geringe Mengen Silber vorhanden sind und diese genau bestimmt werden sollen. Hat das Metall hier weniger als 300 Tsdt. Gold, so kann es mit Salpetersäure von 1,25 spez. Gew. behandelt werden. Es geht dann das Silber mit in Lösung und kann hieraus mit wenig Salzsäure als Chlorsilber ausgefällt werden. Letzteres, auf ein Filter gebracht, mit Wasser gut ausgewaschen und getrocknet, wird mitsamt dem Filter auf eine Coupelle mit wenig Blei gebracht, und man erhält dann zur Wägung ein Silberkörnchen. Das Filtrat vom Chlorsilber kann dann gleich zur weiteren Bestimmung der Unedelmetalle dienen. Hat das Metall mehr als 300 Tsdt. Gold, so wird es in wenig Königswasser (4 Teile Salzsäure und 1 Teil Salpetersäure) gelöst und stark mit Wasser verdünnt. Es bleibt das Silber als Chlorsilber zurück und wird zur Bestimmung wie oben weiterbehandelt. Das goldhaltige Filtrat wird mit Schwefelsäure und einem paar Körnern Oxalsäure versetzt und eingedampft, bis die Schwefelsäure abzurauchen beginnt. Man läßt abkühlen, verdünnt und filtriert von dem ausgeschiedenen Gold ab. Das auf dem Filter befindliche Gold muß man vorsichtshalber mit erwärmter Salpetersäure übergießen, um noch Reste von Unedelmetallen — besonders basischem Kupfersalz — wegzulösen. Jetzt sind im Filtrat die etwa weiter zu bestimmenden Unedelmetalle enthalten. Sollte etwa Blei zugegen sein oder auf dieses geprüft werden müssen, so muß das auf dem Filter befindliche Gold mit verdünnter Schwefelsäure und dann mit ganz wenig Wasser ausgewaschen werden. Danach wird es mit einer ziemlich konzentrierten Lösung von salpetersaurem oder auch essigsaurem Ammoniak übergossen und nun erst fertig mit reinem Wasser ausgewaschen. Das Ammonsalz hat das schwefelsaure Blei aufgelöst, und dieses befindet sich danach jetzt in dem betreffenden Filtrat. Dieses wird nun mit doppeltchromsaurem Kali versetzt, wodurch chromsaures

Blei ausgefällt wird. Dieses wird auf ein bei 100° C getrocknetes, gewogenes Filter gebracht, mit Wasser ausgewaschen, wieder bei 100° C getrocknet und gewogen. Die Gewichtszunahme des Filters wird mit 0,6412 multipliziert, um das metallische Blei zu erhalten.

Bei den Edelmetallegierungen kommen als Unedelmetalle hauptsächlich Kupfer, Zink und Kadmium in Frage, seltener Nickel, allerdings mit Ausnahme von vielen Sorten Weißgold, wo es in nicht unbeträchtlichen Mengen vorhanden ist. Sind die Edelmetalle abgeschieden, so wird aus der Lösung das Kupfer entfernt, und ist dann nur Zink oder Kadmium vorhanden, so wird jeweils das von beiden gegenwärtige Metall sofort mit kohlensaurem Natron gefällt usw. Sind aber beide zusammen anwesend, so muß erst das Kadmium aus salzsaurer Lösung gefällt und weiter behandelt werden. Die abfiltrierte Zinklösung wird mit Salpetersäure versetzt, eine Zeitlang gekocht, um das überschüssige Kaliumhydrosulfid zu zerstören, und kann nun mit kohlensaurem Natron zur Fällung des Zinks behandelt werden.

Sollte Nickel vorhanden sein, so müßte dieses nach der Ausfällung des Kupfers und Kadmiums auf eine der angegebenen Arten abgeschieden usw. werden, damit dann erst das Zink ausgefällt werden kann.

Öfters sollen auch reine Unedelmetallegierungen untersucht werden, vor allem die Kupferlegierungen Messing (Kupfer-Zink), echte Bronzen (Kupfer-Zinn), auch vielfach mit Zinkzusatz und seltener auch mit einem kleinen Bleizusatz, ferner Aluminiumbronze (Kupfer-Aluminium), sowie Nickelin, Platinin, Neusilber (Kupfer-Nickel oder meist Kupfer-Nickel-Zink) usw.

Alle diese Legierungen lösen sich in Salpetersäure; bleibt dabei ein weißer Rückstand zurück, so liegt eine Art Bronze vor, d. h. es ist Zinn vorhanden. Dieses wird abgeschieden und die Lösung mit Schwefelsäure eingedampft; bleibt beim Verdünnen ein weißes Pulver übrig, so ist Blei vorhanden. Nach Abscheidung des Kupfers wird dann weiter auf die andern Körper untersucht. Soll auf Aluminium geprüft werden, so muß erst Chlorammonium zur Lösung gegeben werden, ehe man mit Ammoniak ausfällt. Liegt überhaupt eine reine Aluminiumbronze vor, so löst man in Königswasser und kann zuerst das Aluminium jetzt direkt mittels Ammoniak ausfällen und darauf erst das Kupfer, oder auch umgekehrt.

Liegt ein reines Messing vor, fällt man zuerst das Kupfer aus und kann dann sofort mit kohlensaurem Natron das Zink fällen.

Liegt Bronze vor, so wird zuerst das Zinn abgeschieden, dann das Kupfer und nun direkt etwa vorhandenes Zink.

Bei Platinin oder Nickelin ist vielfach nur Kupfer und Nickel zu bestimmen; es muß aber doch Obacht gegeben werden, ob nicht etwa etwas Zink vorhanden ist.

Bei gewöhnlichem Zinnlot handelt es sich meist nur um eine Legierung von Blei und Zinn. Man löst die äußerst dünn ausgewalzte Legierung in Salpetersäure von 1,2 spez. Gew. und dampft unter vorheriger Zugabe von stärkerer Salpetersäure behutsam zur Trockne. Man nimmt mit Wasser auf und filtriert das Zinn ab. Im Filtrat befindet sich dann das Blei, allerdings vielfach verunreinigt durch etwas Kupfer und Eisen. Es wird in bekannter Weise als schwefelsaures Blei bestimmt. Das Filtrat vom Blei kann nun auf andere Metalle noch geprüft werden.

**Die Edelmetalle.** Eine Übersicht über ihre Gewinnung, Rückgewinnung und Scheidung. Von **Wilhelm Laatsch,** Hütteningenieur. Mit 53 Textabbildungen und 10 Tafeln. VI, 91 Seiten. 1925.
RM 6.—; gebunden RM 7.50

**Mechanische Technologie der Metalle** in Frage und Antwort. Von Prof. Dr.-Ing. **E. Sachsenberg,** Dresden. Mit zahlreichen Abbildungen. VI, 219 Seiten. 1924.　　　RM 6.—; gebunden RM 6.80

**Lagermetalle und ihre technologische Bewertung.** Ein Hand- und Hilfsbuch für den Betriebs-, Konstruktions- und Materialprüfungsingenieur von Ober-Ing. **J. Czochralski** und Dr.-Ing. **G. Welter.** Zweite, verbesserte Auflage. Mit 135 Textabbildungen. VI, 117 Seiten. 1924.　　　Gebunden RM 4.50

**Die Verfestigung der Metalle durch mechanische Beanspruchung.** Die bestehenden Hypothesen und ihre Diskussion. Von Prof. Dr. **H. W. Fraenkel,** Frankfurt a. M. Mit 9 Textfiguren und 2 Tafeln. V, 46 Seiten. 1920.　　　RM 1.80

**Metallurgische Berechnungen.** Praktische Anwendung thermochemischer Rechenweise für Zwecke der Feuerungskunde, der Metallurgie des Eisens und anderer Metalle. Von Prof. **Jos. W. Richards,** Lehigh-Universität. Autorisierte Übersetzung nach der zweiten Auflage von Prof. Dr. **B. Neumann,** Darmstadt und Dr.-Ing. **P. Brodal,** Christiania. XV, 599 Seiten. 1913. Unveränderter Neudruck. 1925.
Gebunden RM 24.—

**Die Edelstähle.** Ihre metallurgischen Grundlagen. Von Dr.-Ing. **F. Rapatz,** Leiter der Versuchsanstalt im Stahlwerk Düsseldorf, Gebr. Böhler & Co., A.-G. Mit 93 Abbildungen. VI, 219 Seiten. 1925.
Gebunden RM 12.—

**Das technische Eisen.** Konstitution und Eigenschaften. Von Prof. Dr.-Ing. **Paul Oberhoffer,** Aachen. Zweite, verbesserte und vermehrte Auflage. Mit 610 Abbildungen im Text und 20 Tabellen. X, 598 Seiten. 1925.　　　Gebunden RM 31.50

**Die Messung hoher Temperaturen.** Von **G. K. Burgess** und **H. Le Chatelier.** Nach der dritten amerikanischen Auflage übersetzt und mit Ergänzungen versehen von Prof. Dr. **G. Leithäuser,** Hannover. Mit 178 Textfiguren. XVI, 486 Seiten. 1913. RM 18.—